2021年版全国一级建造师执业资格考试**五年真题三套模拟**

机电工程管理与实务

五年真题三套模拟

全国一级建造师执业资格考试五年真题三套模拟编写委员会　编写

中国建筑工业出版社

图书在版编目（CIP）数据

机电工程管理与实务五年真题三套模拟 / 全国一级建造师执业资格考试五年真题三套模拟编写委员会编写. —北京：中国建筑工业出版社，2021.6

2021年版全国一级建造师执业资格考试五年真题三套模拟

ISBN 978-7-112-26042-3

Ⅰ.①机… Ⅱ.①全… Ⅲ.①机电工程-工程管理-资格考试-习题集 Ⅳ.①TH-44

中国版本图书馆CIP数据核字（2021）第064301号

本书汇集了近5年一级建造师考试真题，充分反映了近年的命题趋势，同时还精心编写了3套高质量的模拟试题，以帮助考生自我测试，考前热身。书中对每道题目都进行了全面、深入、细致的解析，力争帮助考生深刻领会命题思路，做到举一反三、触类旁通，快速提高考试成绩。

本书由建造师考试领域的权威专家执笔编写，是参加2021年度全国一级建造师执业资格考试考生的必备复习资料。

责任编辑：李笑然
责任校对：党　蕾

2021年版全国一级建造师执业资格考试五年真题三套模拟
机电工程管理与实务五年真题三套模拟
全国一级建造师执业资格考试五年真题三套模拟编写委员会　编写

*

中国建筑工业出版社出版、发行（北京海淀三里河路9号）
各地新华书店、建筑书店经销
北京建筑工业印刷厂制版
廊坊市海涛印刷有限公司印刷

*

开本：787毫米×1092毫米　1/16　印张：9　字数：218千字
2021年5月第一版　2021年5月第一次印刷
定价：**22.00**元
ISBN 978-7-112-26042-3
（37243）

出 版 说 明

全国一级建造师执业资格考试制度实施以来，考生报名人数逐年增多，但考试通过率却一直不高。为了满足广大考生应试复习的需要，便于考生准确理解《一级建造师执业资格考试大纲》的要求，正确把握考试的范围和难度，更好地适应考试，中国建筑工业出版社组织权威专家编写了这套《全国一级建造师执业资格考试五年真题三套模拟》丛书。本套丛书共6册，涵盖一级建造师执业资格考试的主要科目，分别为：

- 《建设工程经济五年真题三套模拟》
- 《建设工程项目管理五年真题三套模拟》
- 《建设工程法规及相关知识五年真题三套模拟》
- 《建筑工程管理与实务五年真题三套模拟》
- 《机电工程管理与实务五年真题三套模拟》
- 《市政公用工程管理与实务五年真题三套模拟》

本套丛书与我社出版的全国一级建造师《考试大纲》《考试用书》及《考试辅导》互为补充，又环环相扣，各具特色，能分别满足考生在不同阶段的复习需要。本套丛书具有以下特点：

汇集近年权威真题。本套丛书选取了2016—2020年连续5年考试真题，充分反映了近年的命题趋势。考虑到《考试大纲》的版本更新，以及早年考试真题的命题思路和难度水平与目前已有较大差异，丛书摒弃了对目前考生指导意义有限的早年真题，以使考生的复习更具针对性。

精心打磨高效模拟。本套丛书由我们组织建造师考试领域的权威专家执笔编写，丛书在汇集了近五年真题之后，专家们还精心编写了三套高质量的模拟试题，以帮助考生在复习的最后阶段自我测试，考前热身。

答案准确、解析翔实。书中答案依据相关权威标准，最大程度保证答案的正确性。同时，书中对每道题目都进行了全面、深入、细致的解析，力争帮助考生深刻领会命题思路，做到举一反三、触类旁通，快速提高考试成绩。

考试真题命题严谨，思路稳定；模拟试题精心编写，热身必备，对广大考生复习备考具有重要的引领作用。利用好本丛书，将有效地帮助考生迅速熟悉考试题型和难度，发现命题思路和规律，从而提高复习的针对性，顺利通过考试。本套丛书在编写过程中，虽经多次校核和修改，仍难免有不妥甚至疏漏之处，恳请广大读者批评指正，以便我们修订再版时完善。

中国建筑工业出版社

2021年5月

目　录

第一部分

真题汇编及解析

2020年度一级建造师执业资格考试
《机电工程管理与实务》真题

一、单项选择题（共20题，每题1分。每题的备选项中，只有1个最符合题意）

1. 无卤低烟阻燃电缆在消防灭火时的缺点是（　　）。
A. 发出有毒烟雾　　B. 产生烟尘较多
C. 腐蚀性能较高　　D. 绝缘电阻下降

2. 下列考核指标中，与锅炉可靠性无关的是（　　）。
A. 运行可用率　　B. 容量系数
C. 锅炉热效率　　D. 出力系数

3. 长输管线的中心定位主点不包括（　　）。
A. 管线的起点　　B. 管线的中点
C. 管线转折点　　D. 管线的终点

4. 发电机安装程序中，发电机穿转子的紧后工序是（　　）。
A. 端盖及轴承调整安装　　B. 氢冷器安装
C. 定子及转子水压试验　　D. 励磁机安装

5. 下列自动化仪表工程的试验内容中，必须全数检验的是（　　）。
A. 单台仪表校准和试验　　B. 仪表电源设备的试验
C. 综合控制系统的试验　　D. 回路试验和系统试验

6. 在潮湿环境中，不锈钢接触碳素钢会产生（　　）。
A. 化学腐蚀　　B. 电化学腐蚀
C. 晶间腐蚀　　D. 铬离子污染

7. 关于管道防潮层采用玻璃纤维布复合胶泥涂抹施工的做法，正确的是（　　）。
A. 环向和纵向缝应对接粘贴密实　　B. 玻璃纤维布不应用平铺法
C. 第一层胶泥干燥后贴玻璃丝布　　D. 玻璃纤维布表面需涂胶泥

8. 工业炉窑烘炉前应完成的工作是（　　）。
A. 对炉体预加热　　B. 烘干烟道和烟囱
C. 烘干物料通道　　D. 烘干送风管道

9. 电梯设备进场验收的随机文件中不包括（　　）。
A. 电梯安装方案　　B. 设备装箱单
C. 电气原理图　　D. 土建布置图

10. 消防灭火系统施工中，不需要管道冲洗的是（　　）。
A. 消火栓灭火系统　　B. 泡沫灭火系统

C. 水炮灭火系统　　D. 高压细水雾灭火系统

11. 工程设备验收时，核对验证内容不包括（　　）。

A. 核对设备型号规格　　B. 核对设备供货商

C. 检查设备的完整性　　D. 复核关键原材料质量

12. 下列施工组织设计编制依据中，属于工程文件的是（　　）。

A. 投标书　　B. 标准规范

C. 工程合同　　D. 会议纪要

13. 关于施工单位应急预案演练的说法，错误的是（　　）。

A. 每年至少组织一次综合应急预案演练

B. 每年至少组织一次专项应急预案演练

C. 每半年至少组织一次现场处置方案演练

D. 每年至少组织一次安全事故应急预案演练

14. 机电工程工序质量检查的基本方法不包括（　　）。

A. 试验检验法　　B. 实测检验法

C. 抽样检验法　　D. 感官检验法

15. 压缩机空负荷试运行后，做法错误的是（　　）。

A. 停机后立刻打开曲轴箱检查　　B. 排除气路及气罐中的剩余压力

C. 清洗油过滤器和更换润滑油　　D. 排除气缸及管路中的冷凝液体

16. 下列计量器具中，应纳入企业最高计量标准器具管理的是（　　）。

A. 温度计　　B. 兆欧表

C. 压力表　　D. 万用表

17. 110kV 高压电力线路的水平安全距离为 10m，当该线路最大风偏水平距离为 0.5m 时，则导线边缘延伸的水平安全距离应为（　　）。

A. 9m　　B. 9.5m

C. 10m　　D. 10.5m

18. 取得 A2 级压力容器制造许可的单位可制造（　　）。

A. 第一类压力容器　　B. 高压容器

C. 超高压容器　　D. 球形储罐

19. 下列分项工程质量验收中，属于一般项目的是（　　）。

A. 风管系统测定　　B. 阀门压力试验

C. 灯具垂直偏差　　D. 管道焊接材料

20. 工业建设项目正式竣工验收会议的主要任务不包括（　　）。

A. 编制竣工决算　　B. 查验工程质量

C. 审查生产准备　　D. 核定遗留尾工

二、多项选择题（共10题，每题2分。每题的备选项中，有2个或2个以上符合题意，至少有 1 个错项。错选，本题不得分；少选，所选的每个选项得 0.5 分）

21. 吊装作业中，平衡梁的主要作用有（　　）。

A. 保持被吊物的平衡状态　　B. 平衡或分配吊点的载荷

C. 强制改变吊索受力方向　　D. 减小悬挂吊索钩头受力

E. 调整吊索与设备间距离

22. 钨极手工氩弧焊与其他焊接方法相比较的优点有（　　）。

A. 适用焊接位置多　　B. 焊接熔池易控制

C. 热影响区比较小　　D. 焊接线能量较小

E. 受风力影响最小

23. 机械设备润滑的主要作用有（　　）。

A. 降低温度　　B. 减少摩擦

C. 减少振动　　D. 提高精度

E. 延长寿命

24. 下列接闪器的试验内容中，金属氧化物接闪器应试验的内容有（　　）。

A. 测量工频放电电压　　B. 测量持续电流

C. 测量交流电导电流　　D. 测量泄漏电流

E. 测量工频参考电压

25. 关于管道法兰螺栓安装及紧固的说法，正确的有（　　）。

A. 法兰连接螺栓应对称紧固　　B. 法兰接头歪斜可强紧螺栓消除

C. 法兰连接螺栓长度应一致　　D. 法兰连接螺栓安装方向应一致

E. 热态紧固应在室温下进行

26. 关于高强度螺栓连接紧固的说法，正确的有（　　）。

A. 紧固用的扭矩扳手在使用前应校正

B. 高强度螺栓安装的穿入方向应一致

C. 高强度螺栓的拧紧宜在 24h 内完成

D. 施拧宜由螺栓群一侧向另一侧拧紧

E. 高强度螺栓的拧紧应一次完成终拧

27. 关于建筑室内给水管道支吊架安装的说法，正确的有（　　）。

A. 滑动支架的滑托与滑槽应有 3 ～ 5mm 间隙

B. 无热伸长管道的金属管道吊架应垂直安装

C. 有热伸长管道的吊架应向热膨胀方向偏移

D. 6m 高楼层的金属立管管卡每层不少于 2 个

E. 塑料管道与金属支架之间应加衬非金属垫

28. 关于建筑电气工程母线槽安装的说法，正确的有（　　）。

A. 绝缘测试应在母线槽安装前后分别进行

B. 照明母线槽的垂直偏差不应大于 10mm

C. 母线槽接口穿越楼板处应设置补偿装置

D. 母线槽连接部件应与本体防护等级一致

E. 母线槽连接处的接触电阻应小于 0.1Ω

29. 关于空调风管及管道绝热施工要求的说法，正确的有（　　）。

A. 风管的绝热层可以采用橡塑绝热材料

B. 制冷管道的绝热应在防腐处理前进行

C. 水平管道的纵向缝应位于管道的侧面

D. 风管及管道的绝热防潮层应封闭良好

E. 多重绝热层施工的层间拼接缝应一致

30. 建筑智能化工程中的接口技术文件内容包括（　　）。

A. 通信协议　　B. 责任边界

C. 数据流向　　D. 结果评判

E. 链路搭接

三、实务操作和案例分析题（共 5 题，（一）、（二）、（三）题各 20 分，（四）、（五）题各 30 分）

（一）

背景资料

某安装公司承包大型制药厂的机电安装工程，工程内容有：设备、管道和通风空调等工程安装。安装公司对施工组织设计的前期实施，进行了监督检查：施工方案齐全，临时设施通过验收，施工人员按计划进场，技术交底满足施工要求，但材料采购因资金问题影响了施工进度。

不锈钢管道系统安装后，施工人员用洁净水（氯离子含量小于 25ppm）对管道系统进行试压时（见图 1），监理工程师认为压力试验条件不符合规范规定，要求整改。

由于现场条件限制，有部分工艺管道系统无法进行水压试验，经设计和建设单位同意，允许安装公司对管道环向对接焊缝和组成件连接焊缝采用 100% 无损检测，代替现场水压试验，检测后设计单位对工艺管道系统进行了分析，符合质量要求。

检查金属风管制作质量时，监理工程师对少量风管的板材拼接有十字形接缝提出整改要求。安装公司进行了返修和加固，风管加固后外形尺寸改变但仍能满足安全使用要求，验收合格。

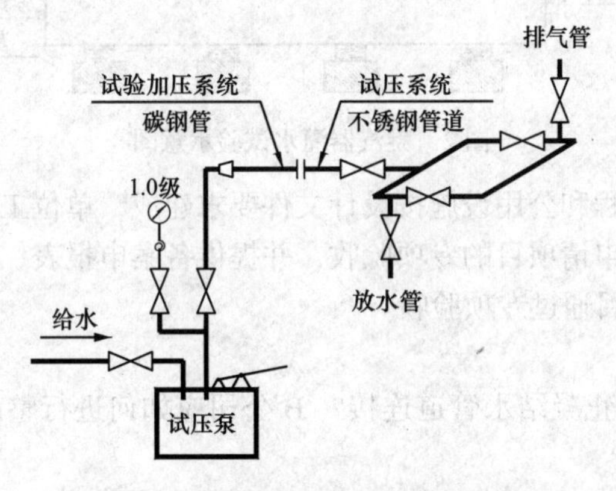

图 1　管道系统水压试验示意图

问题

1. 安装公司在施工准备和资源配置计划中哪几项完成得较好？哪几项需要改进？

2. 图 1 中的水压试验有哪些不符合规范规定？写出正确的做法。

3. 背景中的工艺管道系统的焊缝应采用哪几种检测方法？设计单位对工艺管道系统应如何分析？

4. 监理工程师提出整改要求是否正确？说明理由。加固后的风管可按什么文件进行验收？

（二）

背景资料

A公司总承包2×660MW火力发电厂1号机组的建筑安装工程，工程包括：锅炉、汽轮发电机、水处理、脱硫系统等。A公司将水泵、管道安装分包给B公司施工。

B公司在凝结水泵初步找正后，即进行管道连接，因出口管道与设备不同心，无法正常对口，便用手拉葫芦强制调整管道，被A公司制止。B公司整改后，在联轴节上架设仪表监视设备位移，保证管道与水泵的安装质量。

锅炉补给水管道设计为埋地敷设，施工完毕自检合格后，以书面形式通知监理申请隐蔽工程验收。第二天进行土方回填时，被监理工程师制止。

在未采取任何技术措施的情况下，A公司对凝汽器汽侧进行了灌水试验（见图2），无泄漏，但造成部分弹簧支座因过载而损坏。返修后，进行汽轮机组轴系对轮中心找正工作，经初找、复找验收合格。

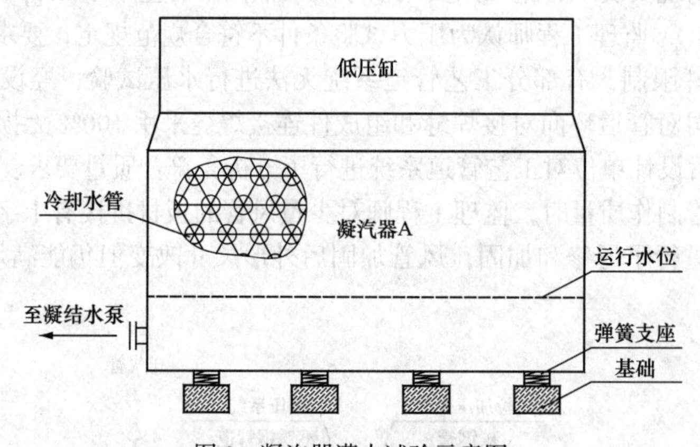

图2 凝汽器灌水试验示意图

主体工程、辅助工程和公用设施按设计文件要求建成，单位工程验收合格后，建设单位及时向政府有关部门申请项目的专项验收，并提供备案申报表、施工许可文件复印件及规定的相关材料等，项目通过专项验收。

问题

1. A公司为什么制止凝结水管道连接？B公司应如何进行整改？在联轴节上应架设哪种仪表监视设备位移？

2. 说明监理工程师制止土方回填的理由。隐蔽工程验收通知内容有哪些？

3. 写出凝汽器灌水试验前后的注意事项。灌水水位应高出哪个部件？轴系中心复找工作应在凝汽器什么状态下进行？

4. 建设工程项目投入试生产前和试生产阶段应完成哪些专项验收？

（三）

背景资料

某生物新材料项目由 A 公司总承包，A 公司项目部经理在策划组织机构时，根据项目大小和具体情况配置了项目部技术人员，满足了技术管理要求。

项目中的料仓盛装的浆糊流体介质温度约 42℃，料仓外壁保温材料为半硬质岩棉制品。料仓由 A、B、C、D 四块不锈钢壁板组焊而成，尺寸和安装位置如图 3 所示。在门吊架横梁上挂设 4 只手拉葫芦，通过卸扣、钢丝绳吊索与料仓壁板上吊耳（材质为 Q235）连接成吊装系统。料仓的吊装顺序为：A、C→B、D；料仓的四块不锈钢壁板的焊接方法是焊条手工电弧焊。

设计要求：料仓正方形出料口连接法兰安装水平度允许偏差≤ 1mm，对角线长度允许偏差≤ 2mm，中心位置允许偏差≤ 1.5mm。

料仓工程质量检查时，质量员提出吊耳与料仓壁板为异种钢焊接，违反“禁止不锈钢与碳素钢接触”的规定。项目部对料仓临时吊耳进行了标识和记录，根据质量问题的性质和严重程度编制并提交了质量问题调查报告，及时返修后，质量验收合格。

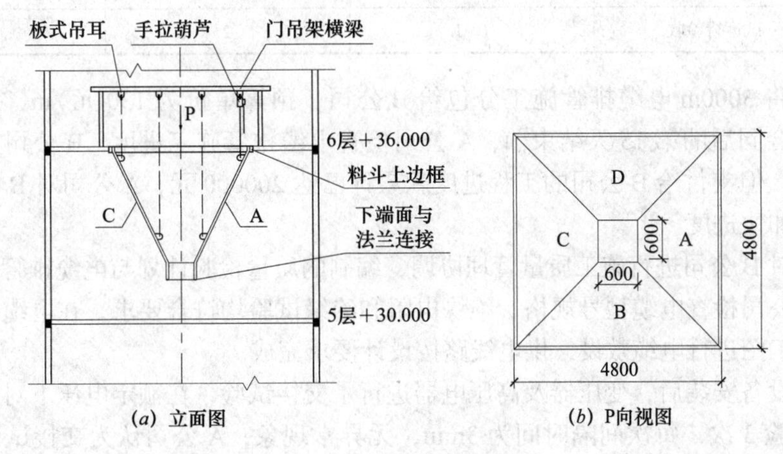

图 3　料仓安装示意图

问题

1. 项目经理根据项目大小和具体情况如何配备技术人员？保温材料到达施工现场应检查哪些质量证明文件？

2. 分析图 3 中存在哪些安全事故危险源？不锈钢壁板组对焊接作业过程中存在哪些职业健康危害因素？

3. 料仓出料口端平面标高基准点和纵横中心线的测量应分别使用哪种测量仪器？

4. 项目部编制的吊耳质量问题调查报告应及时提交给哪些单位？

（四）

背景资料

A 公司承包某商务园区电气工程，工程内容：10/0.4kV 变电所、供电线路、室内电气等。主要设备（三相电力变压器、开关柜等）由建设单位采购，设备已运抵施工现场。

其他设备、材料由A公司采购，A公司依据施工图和资源配置计划编制了10/0.4kV变电所安装工作的逻辑关系及持续时间（见表4）。

10/0.4kV 变电所安装工作的逻辑关系及持续时间 **表4**

代号	工作内容	紧前工作	持续时间（d）	可压缩时间（d）
A	基础框架安装	—	10	3
B	接地干线安装	—	10	2
C	桥架安装	A	8	3
D	变压器安装	A、B	10	2
E	开关柜、配电柜安装	A、B	15	3
F	电缆敷设	C、D、E	8	2
G	母线安装	D、E	11	2
H	二次线路敷设	E	4	1
I	试验、调整	F、G、H	20	3
J	计量仪表安装	G、H	2	—
K	试运行验收	I、J	2	—

A公司将3000m电缆排管施工分包给B公司，预算单价为130元/m，工期30天。B公司签订合同后的第15天结束前，A公司检查电缆排管施工进度，B公司只完成电缆排管1000m，但支付给B公司的工程进度款累计已达200000元，A公司对B公司提出了警告，要求加快进度。

A公司对B公司进行施工质量管理协调，编制的质量检验计划与电缆排管施工进度计划一致。A公司检查电缆型号规格、绝缘电阻和绝缘试验均符合要求，在电缆排管检查合格后，按施工图进行电缆敷设，供电线路按设计要求完成。

变电所设备安装后，变压器及高压电器进行了交接试验，在额定电压下对变压器进行冲击合闸试验3次，每次间隔时间为3min，无异常现象，A公司认为交接试验合格，被监理工程师提出异议，要求重新冲击合闸试验。

建设单位要求变电所单独验收，给商务园区供电。A公司整理变电所工程验收资料，在试运行验收中，有一台变压器运行噪声较大，经有关部门检验分析及A公司提供的施工文件证明，不属于安装质量问题，后经变压器厂家调整处理通过验收。

问题

1. 按表4计算变电所安装的计划工期。如果每项工作都按表4压缩天数，其工期能压缩到多少天？

2. 计算电缆排管施工的费用绩效指数*CPI*和进度绩效指数*SPI*。判断B公司电缆排管施工进度是提前还是落后？

3. 电缆排管施工中的质量管理协调有哪些同步性作用？10kV电力电缆应做哪些试验？

4. 变压器高、低压绕组的绝缘电阻测量应分别用多少伏的兆欧表？监理工程师为什么提出异议？写出正确的冲击合闸试验要求。

5. 变电所工程是否可以单独验收？试运行验收中发生的问题，A 公司可提供哪些施工文件来证明不是安装质量问题？

（五）

背景资料

某施工单位承接一处理 500kt/a 多金属矿综合回收技术改造项目。该项目的熔炼厂房内设计有 1 台冶金桥式起重机（额定起重量 50t/15t，跨度 19m），方案采用直立单桅杆吊装系统进行设备就位安装。

工程中的氧气输送管道设计压力为 0.8MPa，材质为 20 号钢、304 不锈钢、321 不锈钢；规格主要有 $\phi377$、$\phi325$、$\phi159$、$\phi108$、$\phi89$、$\phi76$，制氧站到地上管网及底吹炉、阳极炉、鼓风机房界区内工艺管道共约 1500m。

施工单位编制了施工组织设计和各项施工方案，经审批通过。在氧气管道安装合格、具备压力试验条件后，对管道系统进行强度试验。用氮气作为试验介质，先缓慢升压到设计压力的 50%，经检查无异常，以 10% 试验压力逐级升压，每次升压后稳压 3min，直至试验压力。稳压 10min 降至设计压力，检查管道无泄漏。

为了保证富氧底吹炉内衬砌筑质量，施工单位对砌筑过程中的质量问题进行了现场调查，并统计出质量问题（见表 5）。针对质量问题分别用因果图分析，经确认找出了主要原因。

富氧底吹炉砌筑质量问题统计表　　表 5

序号	质量问题	频数（点）	累计频数（点）	频率（%）	累计频率（%）
1	错牙	44	44	47.3	47.3
2	三角缝	31	75	33.3	80.6
3	圆周砌体的圆弧度超差	8	83	8.6	89.2
4	端墙砌体的平整度超差	5	88	5.4	94.6
5	炉膛砌体的线尺寸超差	2	90	2.2	96.8
6	膨胀缝宽度超差	1	91	1.0	97.8
7	其他	2	93	2.2	100.0
8	合计	93			

问题

1. 本工程的哪个设备安装应编制危大工程专项施工方案？该专项方案编制后必须经过哪个步骤才能实施？

2. 施工单位承接本项目应具备哪些特种设备的施工许可？

3. 影响富氧底吹炉砌筑的主要质量问题有哪几个？累计频率是多少？找到质量问题的主要原因之后要做什么工作？

4. 直立单桅杆吊装系统由哪几部分组成？卷扬机走绳、桅杆缆风绳和起重机捆绑绳的安全系数分别应不小于多少？

5. 氧气管道的酸洗钝化有哪些工序内容？计算氧气管道采用氮气的试验压力。

2020年度真题参考答案及考点解析

一、单项选择题

1.【答案】D

【考点】阻燃电缆的特性。

【解析】阻燃电缆分为含卤阻燃电缆及无卤低烟阻燃电缆。无卤低烟电缆是指不含卤素（F、Cl、Br、I、At）、不含铅、镉、铬、汞等物质的胶料制成，燃烧时产生的烟尘较少，且不会发出有毒烟雾，燃烧时的腐蚀性较低，因此对环境产生危害很小。

无卤低烟的聚烯烃材料主要采用氢氧化物作为阻燃剂，氢氧化物又称为碱，其特性是容易吸收空气中的水分（潮解）。潮解的结果是绝缘层的体积电阻系数大幅下降，由原来的17MΩ/km可降至0.1MΩ/km。

2.【答案】C

【考点】锅炉可靠性。

【解析】锅炉可靠性一般用五项指标考核，即运行可用率、等效可用率、容量系数、强迫停运率和出力系数。

3.【答案】B

【考点】管线中心定位的测量方法。

【解析】管线中心定位的测量方法。定位的依据：定位时可根据地面上已有建筑物进行管线定位，也可根据控制点进行管线定位。例如，管线的起点、终点及转折点称为管道的主点。

4.【答案】B

【考点】发电机设备的安装程序。

【解析】发电机设备的安装程序：定子就位→定子及转子水压试验→发电机穿转子→氢冷器安装→端盖、轴承、密封瓦调整安装→励磁机安装→对轮复找中心并连接→整体气密性试验。故发电机穿转子的紧后工序是氢冷器安装。

5.【答案】D

【考点】仪表检验。

【解析】仪表回路试验和系统试验必须全数检验。

6.【答案】B

【考点】电化学腐蚀。

【解析】在潮湿环境中，不锈钢接触碳素钢会产生电化学腐蚀。

7.【答案】D

【考点】防潮层施工要求。

【解析】玻璃纤维布复合胶泥涂抹施工：

（1）胶泥应涂抹至规定厚度，其表面应均匀平整。

（2）立式设备和垂直管道的环向接缝，应为上搭下。卧式设备和水平管道的纵向接缝位置，应在两侧搭接，并应缝口朝下。

（3）玻璃纤维布应随第一层胶泥层边涂边贴，其环向、纵向缝的搭接宽度≥ 50mm，搭接处应粘贴密实，不得出现气泡或空鼓。

（4）粘贴的方式，可采用螺旋形缠绕法或平铺法。

（5）待第一层胶泥干燥后，应在玻璃纤维布表面再涂抹第二层胶泥。

8.【答案】B

【考点】烘炉前应完成的工作。

【解析】工业炉窑烘炉前应完成的工作是烘干烟道和烟囱。

9.【答案】A

【考点】电梯设备随机文件。

【解析】电梯设备进场验收的随机文件包括土建布置图，产品出厂合格证，门锁装置、限速器、安全钳及缓冲器等保证电梯安全部件的型式检验证书复印件，设备装箱单，安装、使用维护说明书，动力电路和安全电路的电气原理图。

10.【答案】B

【考点】管道冲洗。

【解析】消防灭火系统施工中，泡沫灭火系统施工时不需要管道冲洗。

11.【答案】C

【考点】核对验证内容。

【解析】工程设备验收时，核对验证内容包括：核对设备型号规格、核对设备供货商、复核关键原材料质量等。

12.【答案】D

【考点】施工组织设计编制依据中的工程文件。

【解析】施工组织设计编制依据中的工程文件：施工图纸、技术协议、主要设备材料清单、主要设备技术文件、新产品工艺性试验资料、会议纪要等。

13.【答案】D

【考点】应急预案演练。

【解析】施工单位应当制定本单位的应急预案演练计划，根据本单位的事故风险特点，每年至少组织一次综合应急预案演练或者专项应急预案演练，每半年至少组织一次现场处置方案演练。施工单位应当至少每半年组织一次生产安全事故应急预案演练。

14.【答案】C

【考点】工序质量检查的基本方法。

【解析】机电工程工序质量检查的基本方法包括试验检验法、实测检验法、感官检验法。

15.【答案】A

【考点】压缩机试运转要求。

【解析】空气负荷单机试运行后，应排除气路和气罐中的剩余压力，清洗油过滤器和更换润滑油，排除进气管及冷凝收集器和气缸及管路中的冷凝液；需检查曲轴箱时，应在停机 15min 后再打开曲轴箱。

16.【答案】B

【考点】A 类计量器具。

【解析】A 类计量器具的范围：公司最高计量标准和计量标准器具；用于贸易结算、安全防护、医疗卫生和环境监测方面，并列入强制检定工作计量器具范围的计量器具；质量检测中关键参数用的计量器具。例如，一级平晶、水平仪检具、千分表检具、兆欧表、接地电阻测量仪。

17.【答案】D

【考点】电力线路水平安全距离。

【解析】110kV 高压电力线路的水平安全距离为 10m，当该线路最大风偏水平距离为 0.5m 时，则导线边缘延伸的水平安全距离应为 10m + 0.5m = 10.5m。

18.【答案】A

【考点】压力容器制造许可级别与制造压力容器范围。

【解析】取得 A2 级压力容器制造许可的单位可制造第一类压力容器。

19.【答案】C

【考点】分项工程质量验收。

【解析】分项工程质量验收中，灯具垂直偏差属于一般项目；风管系统测定、阀门压力试验、管道焊接材料属于主控项目。

20.【答案】A

【考点】工业建设项目正式竣工验收会议的主要任务。

【解析】工业建设项目正式竣工验收会议的主要任务包括：查验工程质量、核定遗留尾工、审查生产准备等。编制竣工决算不是正式竣工验收会议上的任务。

二、多项选择题

21.【答案】A、B、C、E

【考点】平衡梁作用。

【解析】吊装作业中，平衡梁的主要作用：保持被吊物的平衡状态、平衡或分配吊点的载荷、减小悬挂吊索钩头受力、调整吊索与设备间距离。

22.【答案】A、B、C、D

【考点】钨极手工氩弧焊优点。

【解析】钨极手工氩弧焊与其他焊接方法相比较的优点：适用焊接位置多、焊接熔池易控制、热影响区比较小、焊接线能量较小。但受风力影响大。

23.【答案】A、B、E

【考点】机械设备润滑的作用。

【解析】机械设备润滑的主要作用：降低温度、减少摩擦、延长寿命。

24.【答案】B、D、E

【考点】金属氧化物接闪器试验内容。

【解析】金属氧化物接闪器试验的内容：测量持续电流、测量泄漏电流、测量工频参考电压。

25. **【答案】** A、C、D

【考点】 管道法兰螺栓安装及紧固要求。

【解析】 管道法兰螺栓安装及紧固要求：法兰连接螺栓应对称紧固、法兰连接螺栓长度应一致、法兰连接螺栓安装方向应一致。

26. **【答案】** A、B、C

【考点】 高强度螺栓连接。

【解析】 高强度螺栓连接：

（1）施工用的扭矩扳手使用前应进行校正，其扭矩相对误差不得大于 ±5%。

（2）高强度螺栓安装时，穿入方向应一致。

（3）高强度螺栓连接副施拧分为初拧和终拧。

（4）高强度螺栓的拧紧宜在 24h 内完成。

（5）高强度螺栓应按照一定顺序施拧，宜由螺栓群中央顺序向外拧紧。

27. **【答案】** A、B、D、E

【考点】 建筑室内给水管道支吊架安装要求。

【解析】 建筑室内给水管道支吊架安装要求：滑动支架的滑托与滑槽应有 3 ～ 5mm 间隙，无热伸长管道的金属管道吊架应垂直安装，有热伸长管道的吊架应向热膨胀反方向偏移，6m 高楼层的金属立管管卡每层不少于 2 个，塑料管道与金属支架之间应加衬非金属垫。

28. **【答案】** A、B、D、E

【考点】 建筑电气工程母线槽的安装要求。

【解析】 建筑电气工程母线槽的安装要求：母线槽的绝缘测试应在安装前后分别进行，照明母线槽的垂直偏差不应大于 10mm，母线槽接口穿越楼板处不能设置补偿装置，母线槽连接部件应与本体防护等级一致，母线槽连接处的接触电阻应小于 0.1Ω。

29. **【答案】** A、C、D

【考点】 空调风管及管道绝热的施工要求。

【解析】 空调风管及管道绝热的施工要求：风管的绝热层可以采用橡塑绝热材料，制冷管道的绝热应在防腐处理后进行，水平管道的纵向缝应位于管道的侧面，风管及管道的绝热防潮层应封闭良好，多重绝热层施工的层间拼接缝应错开。

30. **【答案】** A、B、C

【考点】 接口技术文件。

【解析】 接口技术文件应符合合同要求；接口技术文件应包括接口概述、接口框图、接口位置、接口类型与数量、接口通信协议、数据流向和接口责任边界等内容。

接口测试文件应符合设计要求；接口测试文件应包括测试链路搭建、测试用仪器仪表、测试方法、测试内容和测试结果评判等内容。

三、实务操作和案例分析题

（一）

1. **【参考答案】** 安装公司在施工准备和资源配置计划中，技术准备、现场准备、劳动力配置计划完成得较好。需要改进的是资金准备、物资配置计划。

【考点解析】施工组织设计的编制内容包括：工程概况、编制依据、施工部署、施工进度计划、施工准备与资源配置计划、主要施工方法、施工管理措施及施工现场平面布置等。

施工准备与资源配置计划：施工准备包括技术准备、现场准备和资金准备；资源配置计划包括劳动力配置计划和物资配置计划。

2. **【参考答案】**图 1 中不符合规范要求之处：压力表只有 1 块，压力表安装位置错误。

正确做法：压力表不得少于 2 块，应在加压系统的第一个阀门后（始端）和系统最高点（排气阀处、末端）各装 1 块压力表。

【考点解析】试验用压力表在检验周期内并已经校验合格，其精度不得低于 1.6 级，表的满刻度值应为被测最大压力的 1.5 ～ 2 倍，压力表不得少于两块。在系统的始端和系统最高点（末端）各装 1 块压力表。

3. **【参考答案】**背景中的工艺管道系统的管道环向对接焊缝应采用射线检测、超声检测，组成件的连接焊缝应采用渗透检测或磁粉检测。设计单位对工艺管道系统应进行柔性分析。

【考点解析】现场条件不允许进行液压和气压试验时，经过设计和建设单位同意，可采用下列方法代替现场压力试验：

（1）所有环向、纵向对接焊缝和螺旋缝焊缝应进行 100% 射线检测和 100% 超声检测。

（2）除环向、纵向对接焊缝和螺旋缝焊缝以外的所有焊缝（包括管道支承件与管道组成件连接的焊缝）应进行 100% 渗透检测或 100% 磁粉检测。

（3）由设计单位进行管道系统的柔性分析。

4. **【参考答案】**监理工程师提出整改要求正确。风管板材拼接不得有十字形接缝，接缝应错开。加固后的风管可按技术方案和协商文件进行验收。

【考点解析】镀锌钢板风管制作要求：风管与配件的咬口缝应紧密、宽度应一致，折角应平直，圆弧均匀，且两端面应平行。风管表面应平整，无明显扭曲及翘角，凹凸不应大于 10mm。风管板材拼接的接缝应错开，不得有十字形接缝。

经返修或技术处理的分项、分部工程，虽然改变外形尺寸但仍能满足安全及使用功能要求，可按技术处理方案和协商文件的要求予以验收。

（二）

1. **【参考答案】**制止的原因：凝结水泵初步找正后，管道不同心不能进行管道连接。管道应在凝结水泵安装定位、管口中心对齐后进行连接。在联轴节上应架设百分表以监视设备位移。

【考点解析】在凝结水泵初步找正后，即进行管道连接错误，必须在正式找正后，出口管道与设备同心、正常对口时才能进行管道连接。在联轴节上架设百分表以监视设备位移，保证管道与水泵的安装质量。

2. **【参考答案】**被监理工程师制止的理由：监理没有验收，如果没有回复，在 48h 后才能回填。隐蔽工程验收通知内容：隐蔽验收内容、隐蔽方式、验收时间和地点。

【考点解析】锅炉补给水管道埋地敷设完毕自检合格后，应在48h前以书面形式通知监理申请隐蔽工程验收。如监理没有验收回复，在48h后才能进行土方回填。

3.【参考答案】凝汽器灌水试验的注意事项：灌水试验前应加临时支撑，试验完成后应及时把水放净。灌水水位应高出顶部冷却水管。轴系中心复找工作应在凝汽器灌水至运行重量的状态下进行。

【考点解析】凝汽器灌水试验的注意事项：灌水试验前凝汽器应加临时支撑，试验完成后应及时把水放净。灌水水位应高出顶部冷却水管顶部100mm。轴系中心复找工作应在凝汽器灌水至运行重量的状态下进行。

4.【参考答案】在建设工程项目投入试生产前完成消防验收；在建设工程项目试生产阶段完成安全设施验收及环境保护验收。

【考点解析】此题考核专项验收的内容和时间要求，要注意区分投入试生产前和试生产阶段专项验收内容的不同。

（三）

1.【参考答案】项目经理可依据项目大小和具体情况按分部、分项和专业配备技术人员。到达施工现场的保温材料必须检查其出厂合格证或化验、物性试验记录等质量证明文件。

【考点解析】项目部经理在策划组织机构时，根据项目大小和具体情况按分部、分项和专业配置项目部技术人员，满足技术管理要求。施工现场的保温材料必须检查其出厂合格证，化验、物性试验记录等质量证明文件。

2.【参考答案】图3中的料仓上口洞无防护栏杆，料仓未形成整体，临时固定坍塌。存在高空坠落、物体打击安全事故危险源。

不锈钢料仓壁板组对焊接作业过程中，存在的职业健康危害因素有：电焊烟尘、砂轮磨尘、金属烟、紫外线、红外线、高温。

【考点解析】料仓由四块不锈钢壁板组焊而成，用门吊架横梁上挂设的4只手拉葫芦吊装，四块不锈钢壁板的焊接方法是焊条手工电弧焊。从图3中的料仓分析安全事故危险源和存在的职业健康危害因素。

3.【参考答案】料仓正方形出料口端平面标高基准点使用水准仪测量，设置纵横中心线，使用经纬仪测量。

【考点解析】料仓正方形出料口连接法兰安装水平度、对角线长度、中心位置的测量使用水准仪测量和经纬仪测量。

4.【参考答案】项目部应根据质量问题的性质和严重程度，编写质量问题调查报告，并应向建设单位、监理单位和本单位管理部门报告。

【考点解析】吊耳与料仓壁板为异种钢焊接，违反“禁止不锈钢与碳素钢接触”的规定。根据质量问题的性质和严重程度编制质量问题调查报告，并向建设单位、监理单位和本单位管理部门报告。

（四）

1.【参考答案】按表4计算变电所安装的计划工期是58天。如果每项工作都按表4

压缩天数，其工期能压缩到48天。

【考点解析】从表4中分析关键线路（关键工作）：A（B）→E→G→I→K。

变电所安装的计划工期：10＋15＋11＋20＋2＝58天

按表4压缩天数后，关键线路（关键工作）：B→E→G→I→K。

压缩后的工期：8＋12＋9＋17＋2＝48天

2. **【参考答案】**电缆排管施工的费用绩效指数*CPI*和进度绩效指数*SPI*计算如下：

已完工程预算费用$BCWP = 1000 \times 130 = 130000$元

计划工程预算费用$BCWS = 100 \times 15 \times 130 = 195000$元

费用绩效指数$CPI = BCWP/ACWP = 130000/200000 = 0.65$

进度绩效指数$SPI = BCWP/BCWS = 130000/195000 = 0.67$

因为*CPI*和*SPI*都小于1，B公司电缆排管施工进度已落后。

【考点解析】用赢得值法的基本值来分析项目的实施状态，并判断工程的施工进度和工程费用。

3. **【参考答案】**电缆排管施工中，质量管理协调的同步性作用：质量检查和验收记录的形成与电缆排管施工进度同步。10kV电力电缆敷设前应做交流耐压试验和直流泄漏试验。

【考点解析】质量管理协调主要作用于质量检查、检验计划编制与施工进度计划要求的一致性，作用于质量检查或验收记录的形成与施工实体进度形成的同步性，作用于不同专业施工工序交接间的及时性，作用于发生质量问题后处理的各专业间作业人员的协同性。

6kV以上的电缆应做交流耐压和直流泄漏试验，1kV以下的电缆用兆欧表测试绝缘电阻，并做好记录。

4. **【参考答案】**三相电力变压器高绕组的绝缘电阻测量用2500V兆欧表，低压绕组绝缘电阻测量用500V兆欧表。

因为背景中的变压器冲击合闸试验不符合规范要求。正确的冲击合闸试验要求：应在额定电压下对变压器进行冲击合闸试验5次，每次间隔时间为5min，无异常现象，冲击合闸试验合格。

【考点解析】用2500V摇表测量各相高压绕组对外壳的绝缘电阻值，用500V摇表测量低压各相绕组对外壳的绝缘电阻值。测量完后，将高、低压绕组进行放电处理。

在额定电压下对变压器的冲击合闸试验，应进行5次，每次间隔时间宜为5min，应无异常现象，冲击合闸试验合格。

5. **【参考答案】**变电所工程可以单独验收。试运行验收中发生的问题，A公司可提供工程合同、设计文件、变压器安装说明书、施工记录等施工文件来证明不是安装质量问题。

【考点解析】变电所工程是一个子分部工程，可以单独验收。试运行验收中，可提供工程合同、设计文件、变压器安装说明书、施工记录等施工文件来证明安装质量。

（五）

1. **【参考答案】**本工程的冶金桥式起重机安装应编制危大工程专项施工方案。该专项方案编制后必须经过专家论证通过后才能实施。

【考点解析】因冶金桥式起重机的额定起重量为50t/15t，跨度为19m，采用直立单桅杆吊装系统进行设备就位安装方案。所以冶金桥式起重机安装应编制危大工程专项施工方案。该专项方案编制后必须经过专家论证通过后才能实施。

2. **【参考答案】**施工单位承接本项目应具备：压力管道施工许可和起重机械施工许可。

【考点解析】工程内容有：冶金桥式起重机（额定起重量50t/15t，跨度19m），采用直立单桅杆吊装系统进行设备就位安装。氧气输送管道设计压力0.8MPa，材质为20号钢、304不锈钢、321不锈钢；规格主要有ϕ377、ϕ325、ϕ159等。所以施工单位承接本项目应具备：压力管道施工许可和起重机械施工许可。

3. **【参考答案】**影响富氧底吹炉砌筑的主要质量问题有：错牙和三角缝，累计频率是80.6%。找到质量问题的主要原因之后要做的工作是制定对策。

【考点解析】通常按累计频率（0～80%）划分为主要因素（A类）。影响富氧底吹炉砌筑的主要质量问题有：错牙和三角缝，累计频率是80.6%。找到质量问题的主要原因之后要做的工作是制定对策。

4. **【参考答案】**独立桅杆吊装系统由桅杆、缆风系统和提升系统三部分组成。

卷扬机走绳的安全系数应不小于5，桅杆缆风绳安全系数应不小于3.5，起重机捆绑绳的安全系数应不小于6。

【考点解析】独立桅杆吊装系统由桅杆、缆风系统和提升系统三部分组成。

钢丝绳安全系数为标准规定的钢丝绳在使用中允许承受拉力的储备拉力，即钢丝绳在使用中破断的安全裕度。其取值应符合下列规定：

（1）作拖拉绳时，应大于或等于3.5；

（2）作卷扬机走绳时，应大于或等于5；

（3）作捆绑绳扣使用时，应大于或等于6；

（4）作系挂绳扣时，应大于或等于5；

（5）作载人吊篮时，应大于或等于14。

5. **【参考答案】**氧气管道酸洗钝化的工序内容有：脱脂去油、酸洗、水洗、钝化、无油压缩空气吹干。氧气管道采用氮气的试验压力为设计压力的1.15倍，即$0.8 \times 1.15 = 0.92$MPa。

【考点解析】管道酸洗钝化应按脱脂去油、酸洗、水洗、钝化、水洗、无油压缩空气吹干的顺序进行。当采用循环方式进行酸洗时，管道系统应预先进行空气试漏或液压试漏检验合格。

氧气管道采用氮气的试验压力为设计压力的1.15倍，$0.8 \times 1.15 = 0.92$MPa。

2019年度一级建造师执业资格考试
《机电工程管理与实务》真题

一、单项选择题（共20题，每题1分。每题的备选项中，只有1个最符合题意）

1. 下列管材中，属于金属层状复合材料的是（　　）。
A. 镍基合金钢管　　B. 衬不锈钢复合钢管
C. 钢塑复合钢管　　D. 衬聚四氟乙烯钢管

2. 关于互感器性能的说法，错误的是（　　）。
A. 将大电流变换成小电流　　B. 将仪表与高压隔离
C. 使测量仪表实现标准化　　D. 可以直接测量电能

3. 关于工程测量的说法，错误的是（　　）。
A. 通常机电工程的测量精度高于建筑工程
B. 机电工程的测量贯穿于工程施工全过程
C. 必须对建设单位提供的基准点进行复测
D. 工程测量工序与工程施工工序密切相关

4. 锅炉钢结构组件吊装时，与吊点选择无关的是（　　）。
A. 组件的结构强度和刚度　　B. 吊装机具的起升高度
C. 起重机索具的安全要求　　D. 锅炉钢结构开口方式

5. 关于自动化仪表取源部件的安装要求，正确的是（　　）。
A. 合金钢管道上取源部件的开孔采用气割加工
B. 取源部件安装后应与管道同时进行压力试验
C. 绝热管道上安装的取源部件不应露出绝热层
D. 取源阀门与管道的连接应采用卡套式接头

6. 钢制管道内衬氯丁胶乳水泥砂浆属于（　　）的防腐蚀措施。
A. 介质处理　　B. 添加缓蚀剂
C. 覆盖层　　D. 电化学保护

7. 关于管道保温结构的说法，正确的是（　　）。
A. 保温结构与保冷结构相同　　B. 任何环境下均无需防潮层
C. 各层功能与保冷结构不同　　D. 与保冷结构热流方向相反

8. 施工阶段项目成本控制的要点是（　　）。
A. 落实成本计划　　B. 编制成本计划
C. 成本计划分解　　D. 成本分析考核

9. 下列资料中，不属于电梯制造厂提供的是（　　）。

A. 机房及井道布置图　　B. 型式试验合格证书
C. 产品质量证明文件　　D. 电梯安装验收规范

10. 下列设备中，属于气体灭火系统的是（　　）。
A. 储存装置　　B. 过滤装置
C. 发生装置　　D. 混合装置

11. 机电工程设备采购实施阶段，采办小组的主要工作不包括（　　）。
A. 报价与评审　　B. 接收请购文件
C. 催交与检验　　D. 编制采购计划

12. 下列施工组织设计编制的依据文件中，不属于工程文件的是（　　）。
A. 施工图纸　　B. 标准规范
C. 技术协议　　D. 会议纪要

13. 关于机电安装工程最低保修期规定的说法，正确的是（　　）。
A. 保修期自竣工验收合格之日起计算
B. 设备安装工程的保修期为 3 年
C. 供热工程的保修期应为 1 个供暖期
D. 给水排水管道工程保修期为 5 年

14. 工程质量没有达到设计要求，但经原设计单位核算认可能够满足安全和使用功能的可（　　）。
A. 返修处理　　B. 不作处理
C. 降级使用　　D. 返工处理

15. 离心式给水泵在试运转后，不需要做的工作是（　　）。
A. 关闭泵的入口阀门　　B. 关闭附属系统阀门
C. 用清水冲洗离心泵　　D. 放净泵内积存液体

16. 关于计量器具使用管理规定的说法，正确的是（　　）。
A. 计量器具的测量误差大于被测对象的误差
B. 检测器具应采取相同的防护措施混合存放
C. 封存的计量器具办理启用手续后不需检定
D. 对检定标识不清的计量器具应视为不合格

17. 临时用电施工组织设计的主要内容不包括（　　）。
A. 电费的结算方式　　B. 电源的进线位置
C. 配电箱安装位置　　D. 电气接线系统图

18. 产地储存库与使用单位之间的油气管道属于（　　）。
A. 动力管道　　B. 工业管道
C. 公用管道　　D. 长输管道

19. 自动化仪表安装工程中，主控室的仪表分部工程不包括（　　）。
A. 取源部件安装　　B. 仪表线路安装
C. 电源设备安装　　D. 仪表盘柜安装

20. 下列项目中，属于建筑安装工程一般项目的是（　　）。
A. 保证主要使用功能要求的检验项目

B. 保证工程安全、节能和环保的项目

C. 因无法定量而采取定性检验的项目

D. 确定该检验批主要性能的检验项目

二、多项选择题（共10题，每题2分。每题的备选项中，有2个或2个以上符合题意，至少有1个错项。错选，本题不得分；少选，所选的每个选项得0.5分）

21. 设备吊装工艺设计中，吊装参数表主要包括（　　）。

A. 设备规格尺寸
B. 设备重心位置
C. 设备就位标高
D. 设备吊装重量
E. 设备运输线路

22. 下列参数中，影响焊条电弧焊线能量大小的有（　　）。

A. 焊机功率
B. 焊接电流
C. 电弧电压
D. 焊接速度
E. 焊条直径

23. 机械设备联轴器装配时，需测量的项目有（　　）。

A. 两轴心径向位移
B. 外径光洁度
C. 联轴器外径圆度
D. 两轴线倾斜
E. 联轴器端面间隙

24. 关于油浸式变压器二次搬运就位的说法，正确的有（　　）。

A. 变压器可用滚杠及卷扬机拖运的运输方式
B. 顶盖沿气体继电器气流方向有0.5%的坡度
C. 就位后应将滚轮用能拆卸的制动装置固定
D. 二次搬运时的变压器倾斜角不得超过15°
E. 可使用变压器的顶盖上部吊环吊装变压器

25. 不锈钢工艺管道的水冲洗实施要点中，正确的有（　　）。

A. 水中氯离子含量不超过25ppm
B. 水冲洗的流速不得低于1.5m/s
C. 排放管在排水时不得形成负压
D. 排放管内径小于被冲洗管的60%
E. 冲洗压力应大于管道设计压力

26. 关于高强度螺栓连接的说法，正确的有（　　）。

A. 螺栓连接前应进行摩擦面抗滑移系数复验
B. 不能自由穿入螺栓的螺栓孔可用气割扩孔
C. 高强度螺栓初拧和终拧后要做好颜色标记
D. 高强度螺栓终拧后的螺栓露出螺母2～3扣
E. 扭剪型高强度螺栓的拧紧应采用扭矩法

27. 关于中水系统管道安装的说法，正确的有（　　）。

A. 给水管道应采用耐腐蚀的管材
B. 中水管道外壁应涂浅绿色标志
C. 中水给水管道应装设取水水嘴
D. 管道不宜暗敷于墙体和楼板内
E. 绿化浇洒宜采用地下式给水栓

28. 关于灯具现场检查要求的说法，正确的有（　　）。

A. Ⅰ类灯具外壳有专用的 PE 端子　　B. 消防应急灯具有认证标志

C. 灯具内部接线为铜芯绝缘导线　　D. 灯具绝缘电阻不小于 0.5MΩ

E. 导线绝缘层厚度不小于 0.6mm

29. 国际机电工程项目合同风险防范措施中，属于自身风险防范的有（　　）。

A. 技术风险防范　　B. 管理风险防范

C. 财经风险防范　　D. 法律风险防范

E. 营运风险防范

30. 在公共广播系统检测时，应重点关注的检测参数有（　　）。

A. 声场不均匀度　　B. 漏出声衰减

C. 播放警示信号　　D. 设备信噪比

E. 语声响应时间

三、实务操作和案例分析题（共 5 题，（一）、（二）、（三）题各 20 分，（四）、（五）题各 30 分）

（一）

背景资料

某安装公司承接一大型商场的空调工程，工程内容有：空调风管、空调供回水、开式冷却水等系统的钢制管道与设备施工，管材及配件由安装公司采购。设备有：离心式双工况冷水机组 2 台，螺杆式基载冷水机组 2 台，24 台内融冰钢制蓄冰盘管，146 台组合式新风机组，均由建设单位采购。

项目部进场后，编制了空调工程的施工技术方案，主要包括施工工艺与方法、质量技术要求和安全要求等。方案的重点是隐蔽工程施工、冷水机组吊装、空调水管的法兰焊接、空调管道的安装及试压、空调机组调试与试运行等操作要点。

质检员在巡视中发现空调供水管的施工质量（见图 1）不符合规范要求，通知施工作业人员整改。

空调供水管及开式冷却水系统施工完成后，项目部进行了强度和严密性试验，施工图中注明空调供水管的工作压力为 1.3MPa，开式冷却水系统工作压力为 0.9MPa。

在试验过程中，发现空调供水管个别法兰连接处和焊缝处有渗漏现象，施工人员及时返修后，重新试验未发现渗漏。

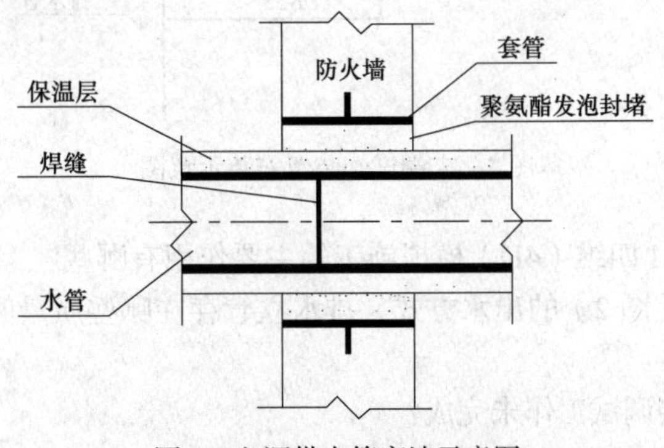

图 1　空调供水管穿墙示意图

问题

1. 空调工程的施工技术方案编制后应如何组织实施交底？重要项目的技术交底文件应由哪个施工管理人员审批？

2. 图 1 中存在的错误有哪些？如何整改？

3. 计算空调供水管和冷却水管的试验压力。试验压力最低不应小于多少 MPa？

4. 试验过程中，管道出现渗漏时严禁哪些操作？

（二）

背景资料

A 公司以施工总承包方式承接了某医疗中心机电工程项目，工程内容有：给水、排水、消防、电气、通风空调等设备材料采购、安装及调试工作。A 公司经建设单位同意，将自动喷水灭火系统（包括消防水泵、稳压泵、报警阀、配水管道、水源和排水设施等）的安装、调试分包给 B 公司。

为了提高施工效率，A 公司采用 BIM 四维（4D）模拟施工技术，并与施工组织方案结合，按进度计划完成了各项安装工作。

在自动喷水灭火系统调试阶段，B 公司组织了相关人员进行了消防水泵、稳压泵和报警阀的调试，完成后交付 A 公司进行系统联动试验。但 A 公司认为 B 公司还有部分调试工作未完成；自动喷水灭火系统末端试水装置（见图 2）的出水方式和排水立管不符合规范规定。B 公司对末端试水装置进行了返工，并完成相关的调试工作后，交付 A 公司完成联动试验等各项工作，系统各项性能指标均符合设计及相关规范要求，工程质量验收合格。

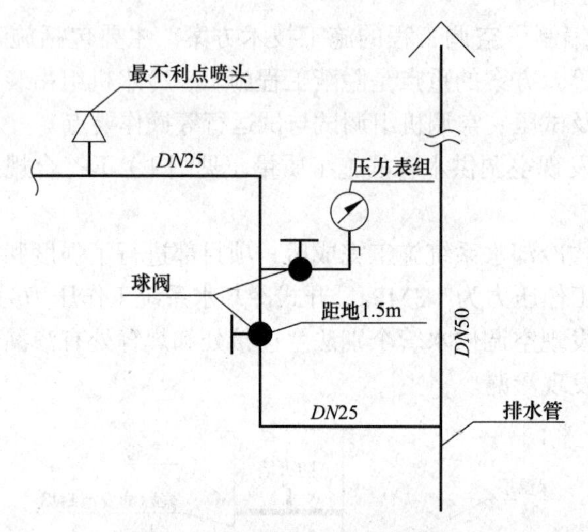

图 2　末端试水装置安装示意图

问题

1. A 公司采用 BIM 四维（4D）模拟施工的主要作用有哪些？

2. 末端试水装置（图 2）的出水方式、排水立管存在哪些质量问题？末端试水装置漏装哪个管件？

3. B 公司还有哪些调试工作未完成？

4. 联动试验除 A 公司外，还应有哪些单位参加？

（三）

背景资料

某工业安装工程项目，工程内容有：工艺管道、设备、电气及自动化仪表安装调试。工程的循环水泵为离心泵，二用一备。泵的吸入和排出管路上均设置了独立、牢固的支架。泵的吸入口和排出口均设置了变径管，变径管长度为管径差的 6 倍。泵的水平吸入管向泵的吸入口方向倾斜，斜度为 8‰，泵的吸入口前直管段长度为泵吸入口直径的 5 倍，水泵扬程为 80m。

在安装质量检查时，发现水泵的吸入及排出管路上存在管件错用、漏装和安装位置错误等质量问题（见图 3），不符合规范要求，监理工程师要求项目部进行整改。随后上级公司对项目质量检查时发现，项目部未编制水泵安装质量预控方案。

工程的工艺管道设计材质为 12CrMo（铬钼合金钢）。在材料采购时，施工地附近钢材市场无现货，只有 15CrMo 材质钢管，且规格符合设计要求，由于工期紧张，项目部采取了材料代用。

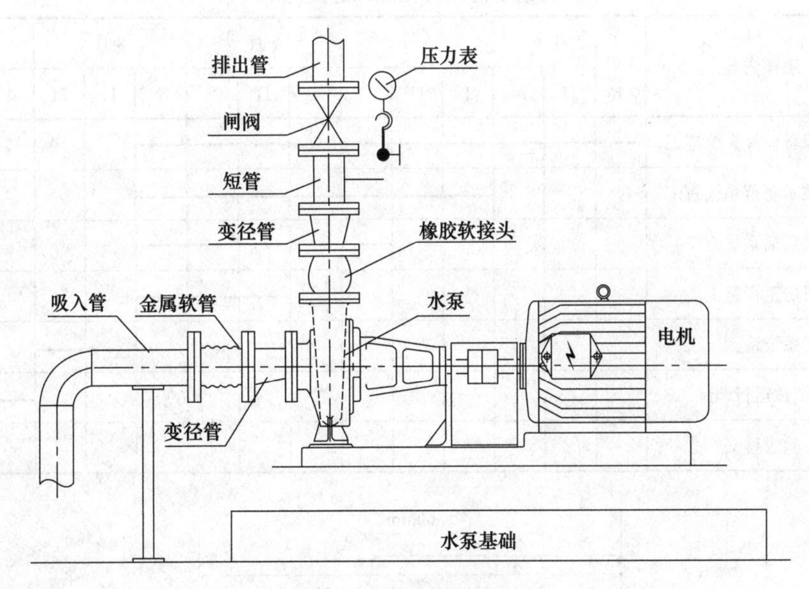

图 3　水泵安装示意图

问题

1. 指出图 3 中管件安装的质量问题。应怎样纠正？
2. 水泵安装质量预控方案包括哪几方面内容？
3. 写出工艺管道材料代用时需要办理的手续。
4. 15CrMo 钢管的进场验收有哪些要求？

（四）

背景资料

某安装公司承接一商业中心的建筑智能化工程的施工。工程内容包括：建筑设备监控系统、安全技术防范系统、公共广播系统、防雷与接地和机房工程。

安装公司项目部进场后，了解商业中心建筑的基本情况、建筑设备安装位置、控制方式和技术要求等，依据监控产品进行深化设计。再依据商业中心工程的施工总进度计划，编制了建筑智能化工程施工进度计划（见表4）；该进度计划在报安装公司审批时被否定，要求重新编制。

项目部根据施工图纸和施工进度编制了设备、材料供应计划。在材料送达施工现场时，施工人员按验收工作的规定，对设备、材料进行验收，还对重要的监控器件进行复检，均符合设计要求。

项目部依据工程技术文件和智能建筑工程质量验收规范，编制建筑智能化系统检测方案，该检测方案经建设单位批准后实施，分项工程、子分部工程的检测结果均符合规范规定，检测记录的填写及签字确认符合要求。

在工程的质量验收中，发现机房和弱电井的接地干线搭接不符合施工质量验收规范要求，监理工程师对40×4镀锌扁钢的焊接搭接（见图4）提出整改要求，项目部返工后，通过验收。

建筑智能化工程施工进度计划 **表4**

序号	工作内容	5月			6月			7月			8月			9月		
		1	11	21	1	11	21	1	11	21	1	11	21	1	11	21
1	建筑设备监控系统施工															
2	安全技术防范系统施工															
3	公共广播系统施工															
4	机房工程施工															
5	系统检测															
6	系统试运行调试															
7	验收移交															

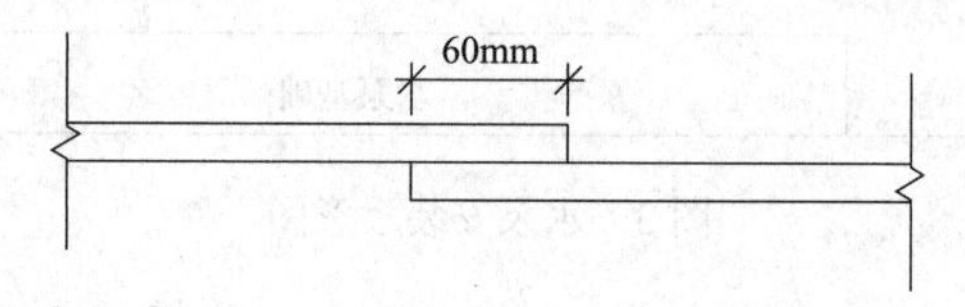

图4 40×4镀锌扁钢焊接搭接示意图

问题

1. 写出建筑设备监控系统深化设计的紧前工序。深化设计应具有哪些基本的要求？

2. 项目部编制的施工进度计划为什么被安装公司否定？这种表示方式的施工进度计划有哪些欠缺？

3. 材料进场验收及复检有哪些要求？验收工作应按哪些规定进行？

4. 绘出正确的扁钢焊接搭接示意图。扁钢与扁钢搭接至少几面施焊？

5. 本工程系统检测合格后，需填写几个子分部工程检测记录？检测记录应由谁来做出检测结论和签字确认？

（五）

背景资料

某项目建设单位与A公司签订了氢气压缩机厂房建筑及机电工程施工总承包合同，工程内容包括：设备及钢结构厂房基础、配电室建筑施工，厂房钢结构制造、安装，一台20t通用桥式起重机安装，一台活塞式氢气压缩机及配套设备、氢气管道和自动化仪表控制装置安装等。经建设单位同意，A公司将设备及钢结构厂房基础、配电室建筑施工分包给B公司。

钢结构厂房、桥式起重机、压缩机及进出口配管如图5所示。

A公司编制的压缩机及工艺管道施工程序：压缩机临时就位→□→压缩机固定与灌浆→□→管道焊接→……→□→氢气管道吹洗→□→中间交接。

B公司首先完成压缩机基础施工，与A公司办理中间交接时，共同复核了标注在中心标板上的安装基准线和埋设在基础边缘的标高基准点。

A公司编制的起重机安装专项施工方案中，采用两根钢丝绳分别单股捆扎起重机大梁，用单台50t汽车起重机吊装就位，对吊装作业进行危险源辨识，分析其危险因素，制定了预防控制措施。

A公司依据施工质量管理策划的要求和压力管道质量保证手册规定，对焊接过程的六个质量控制环节（焊工、焊接材料、焊接工艺评定、焊接工艺、焊接作业、焊接返修）设置质量控制点，对质量控制实施有效的管理。

电动机试运行前，A公司与监理单位、建设单位对电动机绕组绝缘电阻、电源开关、启动设备和控制装置等进行检查，结果符合要求。

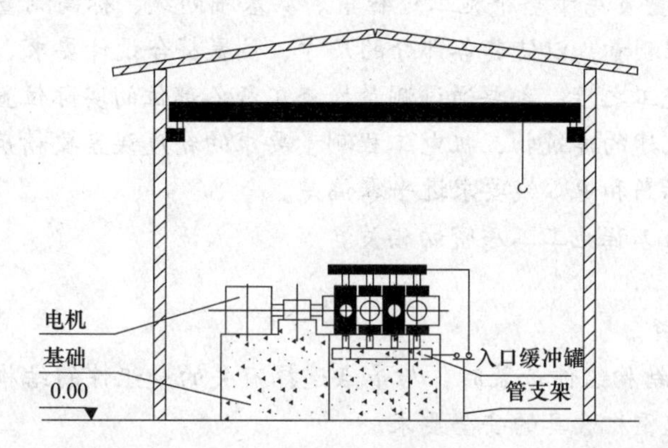

图5　钢结构厂房、桥式起重机、压缩机及进出口配管示意图

问题

1. 依据A公司编制的施工程序，分别写出压缩机固定与灌浆、氢气管道吹洗的紧前和紧后工序。

2. 标注的安装基准线包括哪两个中心线？测试安装标高基准线一般采用哪种测量仪器？

3. 在焊接材料的质量控制环节中，应设置哪些控制点？

4. A公司编制的起重机安装专项施工方案中，吊索钢丝绳断脱和汽车起重机侧翻的控制措施有哪些？

5. 电动机试运行前，对电动机安装和保护接地的检查项目还有哪些？

2019年度真题参考答案及考点解析

一、单项选择题

1.【答案】B

【考点】金属层状复合材料。

【解析】金属层状复合材料由几层不同性能的材料通过热轧、焊压工艺复合而成，与单组元合金相比，综合性能优越，适合一些特殊工作环境。包括钛钢、铝钢、铜钢、钛不锈钢、镍不锈钢、不锈钢碳钢等复合材料。可根据需要，制造不同材质的复合材料。

2.【答案】D

【考点】互感器性能。

【解析】互感器具有将电网高电压、大电流变换成低电压、小电流；与测量仪表配合，可以测量电能；使测量仪表实现标准化和小型化；将人员和仪表与高电压、大电流隔离等性能。

3.【答案】C

【考点】工程测量的作用与特点。

【解析】工程测量贯穿于整个施工过程中。从基础划线、标高测量到设备安装的全过程，都需要进行工程测量，以使其各部分的尺寸、位置符合设计要求。

每道施工工序完工之后，都要通过测量检查工程各部位的实际位置及高程是否与设计要求相符合。相比土建的建筑物，机电工程测量要求的精度误差要精确得多，有些精度要求较高的设备，其标高和中心线要求近乎零偏差。

工程测量工序与工程施工工序密切相关。

4.【答案】D

【考点】吊点选择。

【解析】锅炉钢结构组件吊装时，与吊点选择有关的是组件的结构强度和刚度，吊装机具的起升高度和起重机索具的安全要求。

5.【答案】B

【考点】取源部件安装要求。

【解析】取源部件安装的规定：

（1）在高压、合金钢、有色金属设备和管道上开孔时，应采用机械加工的方法。

（2）取源阀门与设备或管道的连接不宜采用卡套式接头。

（3）当设备及管道有绝热层时，安装的取源部件应露出绝热层外。

（4）取源部件安装完毕后，应与设备和管道同时进行压力试验。

6.【答案】C

【考点】覆盖层。

【解析】覆盖层是指在金属表面喷、衬、渗、镀、涂上一层耐蚀性较好的金属或非金属物质，使被保护的金属表面与介质隔离，降低金属腐蚀的速度。

7.【答案】D

【考点】保温结构的组成。

【解析】保温结构与保冷结构不同，保温结构通常只有防腐层、保温层及保护层三层组成，在潮湿环境或埋地状况下才需增设防潮层，各层的功能与保冷结构各层的功能相同。

8.【答案】A

【考点】施工阶段项目成本控制。

【解析】施工阶段项目成本的控制要点：

（1）对分解的计划成本进行落实。

（2）记录、整理、核算实际发生的费用，计算实际成本。

（3）进行成本差异分析，采取有效的纠偏措施，充分注意不利差异产生的原因，以防对后续作业成本产生不利影响或因质量低劣而造成返工现象。

（4）注意工程变更，关注不可预计的外部条件对成本控制的影响。

9.【答案】D

【考点】电梯制造厂提供的资料。

【解析】电梯制造厂提供的资料：制造许可证明文件，电梯整机型式检验合格证书或报告书，产品质量证明文件，安全保护装置、主要部件的型式检验合格证和调试证书，机房及井道布置图，电气原理图，安装使用维护说明书。

10.【答案】A

【考点】气体灭火系统组成。

【解析】气体灭火系统主要包括管道安装、系统组件安装（喷头、选择阀、贮存装置）、二氧化碳称重检验装置等。

11.【答案】D

【考点】机电工程设备采办小组在采购实施阶段的主要工作。

【解析】实施阶段采办小组的主要工作包括接收请购文件、确定合格供应商、招标或询价、报价评审或评标定标、召开供应商协调会、签订合同、调整采购计划、催交、检验、包装及运输等。

12.【答案】B

【考点】施工组织设计编制的依据文件。

【解析】施工组织设计编制依据：

（1）与工程建设有关的法律法规、标准规范、工程所在地区行政主管部门批准文件。

（2）工程施工合同或招标投标文件及建设单位相关要求。

（3）工程文件，如施工图纸、技术协议、主要设备材料清单、主要设备技术文件、新产品工艺性试验资料、会议纪要等。

（4）工程施工范围的现场条件，与工程有关的资源条件，气象等自然条件。

（5）企业技术标准、管理体系文件、企业施工能力、同类工程施工经验等。

13.【答案】A

【考点】机电安装工程最低保修期的规定。

【解析】根据《建设工程质量管理条例》的规定，建设工程中安装工程在正常使用条件下的最低保修期限为：

（1）建设工程的保修期自竣工验收合格之日起计算。

（2）电气管线、给水排水管道、设备安装工程保修期为2年。

（3）供热和供冷系统为2个采暖期、供冷期。

（4）其他项目的保修期由发包单位与承包单位约定。

14.【答案】B

【考点】不合格品的处置方法。

【解析】不合格品的处置方法：

（1）返修处理：工程质量未达到规范、标准或设计要求，存在一定缺陷，但通过修补或更换器具、设备后，可使产品满足预期的使用功能，可以进行返修处理。

（2）返工处理：工程质量未达到规范、标准或设计要求，存在质量问题，但通过返工处理可以达到合格标准要求的，可对产品进行返工处理。

（3）不作处理：某些工程质量虽不符合规定的要求，但经过分析、论证、法定检测单位鉴定和设计等有关部门认可，对工程或结构使用及安全影响不大、经后续工序可以弥补的；或经检测鉴定虽达不到设计要求，但经原设计单位核算，仍能满足结构安全和使用功能的，也可不作专门处理。

（4）降级使用：工程质量缺陷按返修方法处理后，无法保证达到规定的使用要求和安全要求，又无法返工处理，可作降级使用处理。

（5）报废处理：当采取上述方法后，仍不能满足规定的要求或标准，则必须报废处理。

15.【答案】C

【考点】泵单机试运行要求。

【解析】离心泵试运行后，应关闭泵的入口阀门，待泵冷却后再依次关闭附属系统的阀门；输送易结晶、凝固、沉淀等介质的泵，停泵后应防止堵塞，并及时用清水或其他介质冲洗泵和管道；放净泵内积存的液体。

16.【答案】D

【考点】计量器具使用管理规定。

【解析】计量器具使用管理的规定：

（1）所选用的计量检测设备，必须满足被测对象及检测内容的要求，使被测对象在量程范围内。检测器具的测量极限误差必须小于或等于被测对象所能允许的测量极限误差。

（2）计量器具不在检定周期内、检定标识不清或封存的，视为不合格的计量检测设备，不得使用。

（3）检测器具应分类存放、标识清楚，针对不同要求采取相应的防护措施确保其处于良好的技术状态。

（4）封存的计量器具重新启用时，必须经检定合格后，方可使用。

17.【答案】A

【考点】临时用电施工组织设计的主要内容。

【解析】临时用电施工组织设计主要内容应包括：现场勘察；确定电源进线、变电所、配电室、总配电箱、分配电箱等的位置及线路走向；进行负荷计算；选择变压器容量、导线截面积和电器的类型、规格；绘制电气平面图、立面图和接线系统图；配电装置安装、防雷接地安装、线路敷设等施工内容的技术要求；建立用电施工管理组织机构；制定安全用电技术措施和电气防火措施。

18. 【答案】D

【考点】长输（油气）管道。

【解析】长输（油气）管道是指在产地、储存库、使用单位之间的用于输送（油气）商品介质的管道，划分为 GA1 级和 GA2 级。根据安装的实际情况,GA1 级分为 GA1 甲级、GA1 乙级。

19. 【答案】A

【考点】自动化仪表安装工程的划分。

【解析】主控制室的仪表分部工程可划分为盘柜安装、电源设备安装、仪表线路安装、接地、系统硬件和软件试验等分项工程。

20. 【答案】C

【考点】一般项目。

【解析】一般项目是指主控项目以外的检验项目，一般项目包括的主要内容有：允许有一定偏差的项目，最多不超过 20% 的检查点可以超过允许偏差值，但不能超过允许值的 150%。对不能确定偏差而又允许出现一定缺陷的项目。一些无法定量而采取定性的项目。如管道接口项目，无外露油麻等；卫生器具给水配件安装项目，接口严密、启闭部分灵活等。

二、多项选择题

21. 【答案】A、B、C、D

【考点】吊装参数表。

【解析】吊装参数表主要包括设备规格尺寸、金属总重量、吊装总重量、重心标高、吊点方位及标高等。若采用分段吊装，应注明设备分段尺寸、分段重量。

22. 【答案】B、C、D

【考点】焊条电弧焊线能量。

【解析】焊接线能量有直接关系的因素包括：焊接电流、电弧电压和焊接速度。线能量的大小与焊接电流、电压成正比，与焊接速度成反比。

23. 【答案】A、D、E

【考点】机械设备联轴器装配时的测量项目。

【解析】机械设备联轴器装配时，需测量两轴心径向位移、两轴线倾斜和端面间隙。

24. 【答案】A、C、D

【考点】油浸式变压器二次搬运就位的要求。

【解析】变压器二次搬运就位的要求：

（1）变压器二次搬运可采用滚杠滚动及卷扬机拖运的运输方式。

（2）钢丝绳必须挂在油箱的吊钩上，变压器顶盖上部的吊环仅作吊芯检查用，严禁用此吊环吊装整台变压器。

（3）变压器运输倾斜角不得超过 15°，以防止倾斜使内部结构变形。

（4）变压器顶盖沿气体继电器的气流方向有 1.0% ～ 1.5% 的升高坡度。

（5）在变压器就位后，应将滚轮用能拆卸的制动装置加以固定。

25. **【答案】**A、B、C

【考点】不锈钢工艺管道的水冲洗实施要点。

【解析】工艺管道水冲洗实施要点：

（1）冲洗不锈钢管、镍及镍合金钢管道，水中氯离子含量不得超过 25ppm。

（2）水冲洗流速不得低于 1.5m/s，冲洗压力不得超过管道的设计压力。

（3）水冲洗排放管的截面积不应小于被冲洗管截面积的 60%，排水时不得形成负压。

（4）水冲洗应连续进行，当设计无规定时，以排出口的水色和透明度与入口水目测一致为合格。管道水冲洗合格后，应及时将管内积水排净，并应及时吹干。

26. **【答案】**A、C、D

【考点】高强度螺栓连接的要求。

【解析】高强度螺栓连接的要求：

（1）应按规定分别进行高强度螺栓连接摩擦面的抗滑移系数试验和复验。

（2）高强度大六角头螺栓连接副施拧可采用扭矩法或转角法。

（3）螺栓不能自由穿入时可采用铰刀或锉刀修整螺栓孔，不得采用气割扩孔。

（4）高强度螺栓连接副初拧（复拧）后应对螺母涂刷颜色标记。

（5）高强度螺栓连接副终拧后，螺栓丝扣外露应为 2 ～ 3 扣。

27. **【答案】**A、B、D、E

【考点】中水系统管道安装要求。

【解析】中水管道及配件安装要求：

（1）中水给水管道不得装设取水水嘴。

（2）绿化、浇洒、汽车冲洗宜采用壁式或地下式的给水栓。

（3）中水管道外壁应涂浅绿色标志。

（4）中水管道不宜暗装于墙体和楼板内。

28. **【答案】**A、B、C、E

【考点】灯具现场检查要求。

【解析】灯具现场检查要求：

（1）I 类灯具的外露可导电部分应具有专用的 PE 端子。

（2）消防应急灯具应获得消防产品型式试验合格评定，且具有认证标志。

（3）灯具内部接线应为铜芯绝缘导线，其截面应与灯具功率相匹配，且不应小于 $0.5mm^2$。

（4）灯具的绝缘电阻值不应小于 2MΩ，灯具内绝缘导线的绝缘层厚度不应小于 0.6mm。

29. **【答案】**A、B、E

【考点】国际工程项目合同风险防范措施。

【解析】国际工程项目，项目实施中自身风险防范措施：建设风险防范、营运风险防范、技术风险防范、管理风险防范。

30. 【答案】A、B、D

【考点】公共广播系统应重点检测的参数。

【解析】公共广播系统检测的参数，检测公共广播系统的声场不均匀度、漏出声衰减及系统设备信噪比符合设计要求。

三、实务操作和案例分析题

（一）

1. 【参考答案】空调工程的施工技术方案编制后，组织实施交底应在作业前进行，并分层次展开，直至交底到施工操作人员，并有书面交底资料。重要项目的技术交底文件应由项目技术负责人审批，并在交底时到位。

【考点解析】空调工程的施工技术方案编制后，施工技术交底应分层次展开，直至交底到施工操作人员。交底必须在作业前进行，并有书面交底资料。对于重要项目的技术交底文件，应由项目技术负责人审核或批准，交底时技术负责人应到位。

2. 【参考答案】图 1 中存在的错误及整改：

错误：空调供水管保温层与套管四周的缝隙封堵使用的聚氨酯发泡可燃。

整改：空调供水管保温层与套管四周的缝隙封堵应使用不燃材料。

错误：穿墙套管内的管道有焊缝接口。

整改：调整管道焊缝接口位置。

【考点解析】根据图 1 分析存在的错误及整改方法。

3. 【参考答案】空调供水管和冷却水管的试验压力如下：

空调供水管试验压力：1.3MPa ＋ 0.5MPa ＝ 1.8MPa

冷却水管试验压力：0.9MPa×1.5 ＝ 1.35MPa

试验压力最低不应小于 0.6MPa。

【考点解析】空调冷（热）水、冷却水与蓄能（冷、热）系统的试验压力，当工作压力小于等于 1.0MPa 时，应为 1.5 倍工作压力，最低不应小于 0.6MPa；当工作压力大于 1.0MPa 时，应为工作压力加 0.5MPa。

4. 【参考答案】在试压过程中，管道出现渗漏时，应严禁带压紧固螺栓、补焊或者修理。

【考点解析】在试压过程中带压紧固螺栓、补焊或者修理，容易发生安全事故。

（二）

1. 【参考答案】BIM 四维（4D）模拟施工的主要作用有：在 BIM 三维模型的基础上融合时间概念，避免施工延期；施工的界面（顺序）直观，方便施工协调；使设备材料进场、劳动力配置、机械使用等各项工作安排有效、经济，节约成本；直观明确地展示施工方案（重要施工步骤）。

【考点解析】在BIM三维模型的基础上融合时间概念，来分析进度管理、资源管理、施工协调和施工方案的实施。

2.【参考答案】图2末端试水装置缺少试水接头，出水与排水立管直接连接（出水未采用孔口出流方式）；排水立管50mm小于规范规定（排水立管应不小于75mm）。

【考点解析】按照《自动喷水灭火系统设计规范》GB 20084规定：末端试水装置由试水阀、压力表以及试水接头组成；末端试水装置的出水，应取孔口出流方式排入排水管道，排水立管宜设伸顶通气管，且管径不应小于75mm。

3.【参考答案】B公司还有水源测试、排水设施调试的工作未完成。

【考点解析】自动喷水灭火系统调试内容包括：水源测试、消防水泵调试、稳压泵调试、报警阀调试、排水设施调试、联动调试。从背景分析：B公司还有未完成系统调试的工作有：水源测试、排水设施调试。

4.【参考答案】联动试验还应参加的单位：建设单位，监理单位，设计单位，分包单位（B公司）。

【考点解析】与联动试验有关的单位都应参加。

（三）

1.【参考答案】图3中水泵管件安装的质量问题有：

泵吸入管上安装金属软管错误，应为橡胶软接头；

泵排出管上的变径管位置错误，应当安装在泵的出口处；

由于水泵扬程大于80m，排出管路上的闸阀前没有安装止回阀。

【考点解析】依据施工质量验收规范来分析图3水泵管道的安装质量问题，并纠正。

2.【参考答案】水泵安装质量预控方案的内容：工序（过程）名称、可能出现的质量问题、提出的质量预控措施。

【考点解析】质量预控方案的内容主要包括：工序（过程）名称、可能出现的质量问题、提出的质量预控措施三部分。质量预控方案的表达形式有：文字表达形式、表格表达形式、预控图表达形式等三种。

3.【参考答案】工艺管道材料代用时需要办理的手续：由项目部的专业工程师提出设计变更（材料代用）申请单，经项目部技术部门审签后，送交建设（监理）单位审核。经设计单位同意后，由设计单位签发设计变更（材料代用）通知书并经建设单位（监理）会签后生效。

【考点解析】工艺管道材料代用属于一般设计变更。可由项目部的专业工程师提出设计变更申请单，经项目部技术管理部门审签后，送交建设（监理）单位审核。经设计单位同意后，由设计单位签发设计变更通知书并经建设单位（监理）会签后生效。

4.【参考答案】15CrMo钢管进场验收：有取得制造许可的制造厂产品质量证明文件，对钢管进行外观质量和几何尺寸的检查验收，对钢管材质采用光谱分析方法复查，并做好标识。

【考点解析】管道元件及材料应有取得制造许可的制造厂的产品质量证明文件。产品质量证明文件应符合国家现行材料标准、管道元件标准、专业施工规范和设计文件的规定。铬钼合金钢、含镍合金钢、镍及镍合金钢、不锈钢、钛及钛合金材料的管道组成件，应采用光谱分析或其他方法对材质进行复查，并做好标识。

（四）

1.【参考答案】建筑设备监控系统深化设计的紧前工序是建筑监控设备供应商确定。深化设计的基本要求：应具有开放结构，协议和接口都应标准化。

【考点解析】建筑设备自动监控需求调研→监控方案设计与评审→工程承包商的确定→设备供应商的确定→施工图深化设计→工程施工及质量控制→工程检测→管理人员培训→工程验收开通→投入运行。

自动监控系统的深化设计应具有开放结构，协议和接口都应标准化。首先了解建筑物的基本情况、建筑设备的位置、控制方式和技术要求等资料，然后依据监控产品进行深化设计。

2.【参考答案】项目部编制的施工进度计划被安装公司否定的理由：施工进度计划中缺少防雷与接地的工作内容，系统检测应在系统试运行合格后进行（施工程序有错）。

这种表示方式（横道图）的施工进度计划不能反映工作所具有的机动时间，不能反映影响工期的关键工作（关键线路），也就无法反映整个施工过程的关键所在，因而不便于施工进度控制人员抓住主要矛盾，不利于施工进度的动态控制。

【考点解析】施工进度计划中缺少防雷与接地的工作内容（缺少施工工序），系统检测应在系统试运行合格后进行（施工程序有错）。

横道图施工进度计划不能反映工作所具有的机动时间，不能反映影响工期的关键工作和关键线路，也就无法反映整个施工过程的关键所在，因而不便于施工进度控制人员抓住主要矛盾，不利于施工进度的动态控制。

3.【参考答案】材料进场的验收及复检要求：必须根据进料计划、送料凭证、质量保证书或产品合格证进行材料的验收。要求复检的材料应有取样送检证明报告。验收工作应按质量验收规范和计量检测规定进行。

【考点解析】材料进场验收要求：

（1）进场验收、复检。在材料进场时必须根据进料计划、送料凭证、质量保证书或产品合格证，进行材料的数量和质量验收；要求复检的材料应有取样送检证明报告。

（2）按验收标准、规定验收。验收工作按质量验收规范和计量检测规定进行。

4.【参考答案】正确的扁钢焊接搭接示意图如下所示：

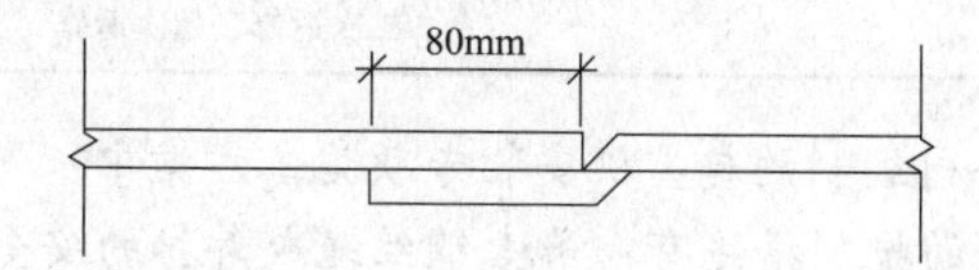

扁钢与扁钢搭接至少三面施焊。

【考点解析】40×4 镀锌扁钢的焊接搭接，不应小于扁钢宽度的 2 倍，40×2 = 80mm，与扁钢搭接应至少三面施焊。

5.【参考答案】本工程系统检测合格后，需填写 5 个子分部工程检测记录。检测记录应由检测负责人做出检测结论，由监理工程师或项目专业技术负责人签字确认。

【考点解析】建筑智能化系统检测合格后，应填写分项工程检测记录、子分部工程检测记录和分部工程检测汇总记录。

分项工程检测记录、子分部工程检测记录和分部工程检测汇总记录由检测小组填写，检测负责人做出检测结论，监理（建设）单位的监理工程师（项目专业技术负责人）签字确认。

（五）

1.【参考答案】

（1）压缩机固定与灌浆的紧前工序是压缩机找平找正；紧后工序是连接氢气管道。

（2）氢气管道吹洗的紧前工序是氢气管道压力试验；紧后工序是压缩机空负荷试运转。

【考点解析】机械设备安装的一般程序：开箱检查→基础测量放线→基础检查验收→垫铁设置→吊装就位→安装精度调整与检测→设备固定与灌浆→零部件装配→润滑与设备加油→试运转。

2.【参考答案】B公司标注的安装基准线包括：纵向中心线、横向中心线；测试安装标高基准线常采用水准仪。

【考点解析】设备安装平面基准线不少于纵、横两条。生产线的纵、横向中心线以及主要设备的中心线应埋设永久性中心线标板，主要设备旁应埋设永久性标高基准点，使安装过程和生产维修均有可靠的依据。

水准仪在设备安装工程项目施工中用于连续生产线设备测量控制网标高基准点的测设及安装过程中对设备安装标高的控制测量。

3.【参考答案】在焊接材料的质量控制环节中，设置的控制点有：焊材的采购、验收及复验、保管、烘干及恒温存放、发放与回收。

【考点解析】焊接控制环节和控制点如下表所示：

控制环节	控制点
焊工管理	焊工培训、取证、岗前考核、持证管理、业绩考核和焊工档案管理
焊材管理	焊材的采购，验收及复检，保管，烘干及恒温存放，发放与回收
焊接工艺评定	焊接性试验，焊接工艺指导书拟定，焊接工艺评定试验及评定报告
焊接工艺	焊接工艺规程编制、校核，焊接工艺更改，焊接工艺交底实施
焊接作业	焊接环境，焊接工艺纪律，施焊过程，焊接检验
焊接返修	一、二次返修，超次返修

4.【参考答案】A公司编制的起重机安装专项施工方案中：

（1）吊索钢丝绳断脱的控制措施有：吊索钢丝绳或卸扣的安全系数满足规范要求；钢丝绳吊索捆扎起重机大梁直角处加钢制半圆护角。

（2）汽车起重机侧翻的控制措施有：严禁超载、违章作业；支腿接触地面平整、地耐力满足规范要求，支腿稳定性好。

【考点解析】从编制的起重机安装专项施工方案中，分析吊索钢丝绳断脱和汽车起重机侧翻的控制措施。

5.【参考答案】电动机试运行前，对电动机安装和保护接地的检查项目还有：检查电动机安装是否牢固、地脚螺栓是否拧紧；检查电动机的保护接地线连接是否可靠，接地线（铜芯）的截面积不小于 $4mm^2$，有防松弹簧垫片。

【考点解析】电动机试运行前的检查：

（1）用 500V 兆欧表测量电动机绕组绝缘电阻。380V 异步电动机应不低于 0.5MΩ。

（2）检查电动机安装是否牢固，地脚螺栓是否全部拧紧。

（3）电动机的保护接地线必须连接可靠，接地线（铜芯）的截面不小于 $4mm^2$，有防松弹簧垫圈。

（4）检查电动机电源开关、启动设备、控制装置是否合适。热继电器调整是否适当。断路器短路脱扣器和热脱扣器整定是否正确。

2018年度一级建造师执业资格考试《机电工程管理与实务》真题

一、单项选择题（共20题，每题1分。每题的备选项中，只有1个最符合题意）

1. 制造热交换器常用的材料是（　　）。
   A. 紫铜　　B. 白铜
   C. 青铜　　D. 黄铜
2. 下列系统中，不属于直驱式风力发电机组成系统的是（　　）。
   A. 变速系统　　B. 防雷系统
   C. 测风系统　　D. 电控系统
3. 下列检测，不属于机电工程测量的是（　　）。
   A. 钢结构的变形监测　　B. 钢结构的应变测量
   C. 设备基础沉降观测　　D. 设备安装定位测量
4. 关于卷扬机卷筒容绳量的说法，正确的是（　　）。
   A. 卷筒允许容纳的钢丝绳工作长度最大值
   B. 卷筒允许容纳的钢丝绳最多缠绕匝数
   C. 卷筒允许使用的钢丝绳直径范围
   D. 卷筒允许缠绕的钢丝绳最大长度
5. 立式圆筒形钢制储罐底板在不同阶段的施焊顺序，正确的是（　　）。
   A. 先壁板与边缘板角焊缝，再边缘板剩余对接焊缝
   B. 先中幅板间长焊缝，再中幅板间短焊缝
   C. 先中幅板与边缘板环焊缝，再中幅板间焊缝
   D. 先中幅板间焊缝，再边缘板对接焊缝
6. 机械设备典型零部件装配的要求，正确的是（　　）。
   A. 齿轮装配时，圆柱齿轮和涡轮的接触斑点应趋于齿侧面顶部
   B. 联轴器装配时，应将两个半联轴器每转180°测量一次
   C. 滑动轴承装配时，轴颈与轴瓦的侧间隙可用塞尺检查
   D. 采用温差法装配滚动轴承时，加热温度不应高于150℃
7. 对管道元件的质量证明文件有异议时，下列做法正确的是（　　）。
   A. 异议未解决前，不得使用
   B. 可以使用，但要做好标识并可追溯
   C. 管道元件压力试验合格后，可以使用
   D. GC1级管道可以使用，GC3级管道不可以使用

8. 在配电装置的整定中，三相一次重合闸需整定的内容是（　　）。

A. 方向元件整定　　B. 过电压整定

C. 保护时间整定　　D. 同期角整定

9. 钢制压力容器产品焊接试件的力学性能试验检验项目是（　　）。

A. 扭转试验　　B. 射线检测

C. 疲劳试验　　D. 拉伸试验

10. 光伏发电设备安装中，不使用的支架是（　　）。

A. 固定支架　　B. 滑动支架

C. 跟踪支架　　D. 可调支架

11. 关于回路试验规定的说法，正确的是（　　）。

A. 回路显示仪表的示值误差应超过回路内单台仪表的允许误差

B. 温度检测回路不能在检测元件的输出端向回路输入模拟信号

C. 现场不具备模拟信号的测量回路应在最末端输入信号

D. 控制回路的执行器带有定位器时应同时进行试验

12. 下列涂层施工方法中，最节省涂料且效率最高的是（　　）。

A. 刷涂法　　B. 滚涂法

C. 空气喷涂法　　D. 高压无气喷涂法

13. 下列绝热层采用捆扎的施工方法，正确的是（　　）。

A. 宜采用螺旋式缠绕捆扎

B. 硬质绝热制品均不允许钻孔穿挂钩钉

C. 多层绝热层的绝热制品，应逐层捆扎

D. 每块绝热制品上的捆扎件不得少于三道

14. 不符合耐火陶瓷纤维施工技术要求的是（　　）。

A. 制品不得受挤压　　B. 制品粘贴时不受潮湿影响

C. 粘贴面应清洁和平整　　D. 粘结剂使用时应搅拌均匀

15. 符合电梯工程施工技术要求的是（　　）。

A. 当轿厢完全压在缓冲器上时，随行电缆应与底坑面相接触

B. 电梯井道内应设置 220V 的永久性照明

C. 电气安全装置的导体对地绝缘电阻不得小于 0.5MΩ

D. 瞬时式安全钳的轿厢应载有均匀分布的 125% 额定载重量

16. 自动喷水灭火系统的施工程序中，管道试压的紧后工序是（　　）。

A. 喷洒头安装　　B. 管道冲洗

C. 报警阀安装　　D. 减压装置安装

17. 下列施工临时用电的变化，不需要变更用电合同的是（　　）。

A. 减少合同约定的用电量　　B. 改变用电类别

C. 增加两个二级配电箱　　D. 更换大容量变压器

18. 下列可以从事压力容器安装的单位是（　　）。

A. 取得特种设备安装改造维修许可证 2 级许可资格的单位

B. 取得特种设备制造许可证（压力容器）A3 级许可资格的单位

C. 取得特种设备安装改造维修许可证（锅炉）2 级许可资格的单位

D. 取得特种设备安装改造维修许可证（压力管道）GB1 级许可资格的单位

19. 在工业安装分部工程验收记录表上，签字无效的人是（　　）。

A. 项目监理工程师　　B. 施工单位项目负责人

C. 设计单位项目负责人　　D. 建设单位项目技术负责人

20. 关于总承包单位与分包单位质量责任的说法，正确的是（　　）。

A. 当分包工程发生质量问题时，建设单位只能向分包单位请求赔偿

B. 分包单位对承包的项目进行验收时，总包单位不需要派人参加

C. 总包单位不用对分包单位所承担的工程质量负责

D. 单位工程质量验收时，总包与分包单位的有关人员应参加验收

二、多项选择题（共10题，每题2分。每题的备选项中，有2个或2个以上符合题意，至少有 1 个错项。错选，本题不得分；少选，所选的每个选项得 0.5 分）

21. 关于中水给水系统的安装要求，正确的有（　　）。

A. 中水管道每层需装设一个水嘴　　B. 便器冲洗宜采用密闭型器具

C. 中水管道外壁应涂浅绿色标志　　D. 中水管道不宜暗装于墙体内

E. 中水箱可与生活水箱紧靠放置

22. 下列灯具中，需要与保护导体连接的有（　　）。

A. 离地 5m 的Ⅰ类灯具　　B. 采用 36V 供电的灯具

C. 地下一层的Ⅱ类灯具　　D. 等电位连接的灯具

E. 采取电气隔离的灯具

23. 下列风管系统安装检查项目，属于主控项目的有（　　）。

A. 风管支架预埋件的位置　　B. 风管穿过防火墙体的套管

C. 风管防静电的接地装置　　D. 风管水平安装的吊架间距

E. 风管法兰螺栓连接方向

24. 关于建筑智能化系统调试检测的说法，正确的有（　　）。

A. 建筑智能化系统调试工作应由项目专业技术负责人主持

B. 系统检测程序应是分部工程→子分部工程→分项工程

C. 系统试运行工作应在智能化系统检测完成后进行

D. 系统检测汇总记录应由监理工程师填写并做出检测结论

E. 系统检测方案经项目监理工程师批准后可以实施

25. 设备采购监造时，停工待检点应包括（　　）。

A. 重要工序节点　　B. 隐蔽工程

C. 设备性能重要的相关检验　　D. 不可重复试验的验收点

E. 关键试验的验收点

26. 多个施工方案进行经济合理性比较时，其内容包括（　　）。

A. 资金时间价值　　B. 技术效率

C. 实施的安全性　　D. 对环境影响的损失

E. 综合性价比

27. 工厂模块化预制技术的应用，实现了建筑机电安装工程的（　　）。

A. 安装标准化　　B. 施工程序化

C. 作业流水化　　D. 产品模块化

E. 产品集成化

28. 机电工程施工进度计划安排中的制约因素有（　　）。

A. 工程实体现状　　B. 设备材料进场时机

C. 安装工艺规律　　D. 施工作业人员配备

E. 施工监理方法

29. 光伏发电工程施工时，汇流箱内的光伏组件串电缆接引前的要求有（　　）。

A. 光伏组件侧有明显断开点　　B. 光伏组件侧电缆已连接

C. 汇流箱内所有开关已断开　　D. 逆变器侧有明显断开点

E. 光伏组件间的插件已连接

30. 压缩机（单机）在空气负荷试运行后，正确的做法有（　　）。

A. 排除气路和气罐中剩余压力　　B. 排除进气管及冷凝器的空气

C. 清洗油过滤器和更换润滑油　　D. 排除气缸及管路中的冷凝液

E. 检查曲轴箱应停机 5min 后

三、实务操作和案例分析题（共 5 题，（一）、（二）、（三）题各 20 分，（四）、（五）题各 30 分）

（一）

背景资料

某项目管道工程，内容有：建筑生活给水排水系统、消防水系统和空调水系统的施工。某分包单位承接该任务后，编制了施工方案、施工进度计划（见表 1-1 中细实线）、劳动力计划（见表 1-2）和材料采购计划等；施工进度计划在审批时被否定，原因是生活给水与排水系统的先后顺序违反了施工原则，分包单位调整了该顺序（见表 1-1 中粗实线）。

建筑生活给水、排水、消防和空调水系统施工进度计划表　　**表 1-1**

施工内容	施工人员	3月	4月	5月	6月	7月	8月	9月	10月
生活给水系统施工	40 人								
排水系统施工	20 人								
消防水系统施工	20 人								
空调水系统施工	30 人								
机房设备施工	30 人								
单机、联动试运行	40 人								
竣工验收	30 人								

建筑生活给水、排水、消防和空调水系统施工劳动力计划表　　表 1-2

月份	3月	4月	5月	6月	7月	8月	9月	10月
施工人员	40 人	80 人	140 人		100 人	60 人	40 人	30 人

施工中，采购的第一批阀门（见表 1-3）按计划到达施工现场，施工人员对阀门开箱检查，按规范要求进行了强度和严密性试验，主干管上起切断作用的 *DN*400、*DN*300 阀门和其他规格的阀门抽查均无渗漏，验收合格。

阀门规格数量　　表 1-3

名称	公称压力	*DN*400	*DN*300	*DN*250	*DN*200	*DN*150	*DN*125	*DN*100
闸阀	1.6MPa	4	8	16	24			
球阀	1.6MPa					38	62	84
碟阀	1.6MPa			16	26	12		
合计		4	8	32	50	50	62	84

在水泵施工质量验收时，监理人员指出水泵进水管接头和压力表接管的安装存在质量问题（如图 1 所示），要求施工人员返工，返工后质量验收合格。

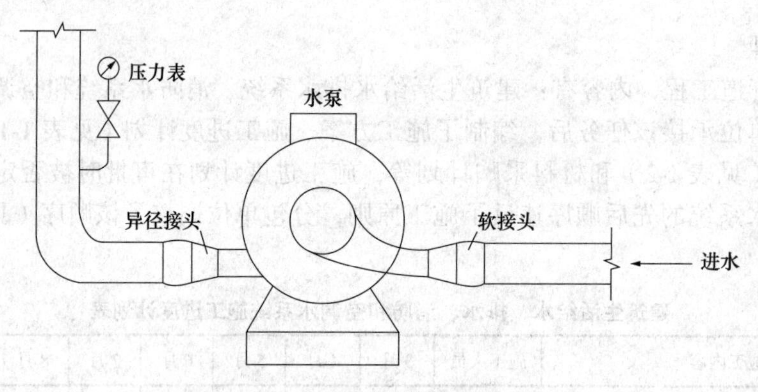

图 1　水泵安装示意图

建筑生活给水排水系统、消防水系统和空调水系统安装后，分包单位在单机及联动试运行中，及时与其他各专业工程施工人员配合协调，完成联动试运行，工程质量验收合格。

问题

1. 劳动力计划调整后，3 月份和 7 月份的施工人员分别是多少？劳动力优化配置的依据有哪些？

2. 第一批进场阀门按规范要求最少应抽查多少个阀门进行强度试验？其中 *DN*300 闸阀的强度试验压力应为多少 MPa？最短试验持续时间是多少？

3. 水泵（图 1）运行时会产生哪些不良后果？绘出合格的返工部分示意图。

4. 本工程在联动试运行中需要与哪些专业系统配合协调？

（二）

背景材料

某施工单位中标某大型商业广场（地下 3 层为车库、1 ～ 6 层为商业用房、7 ～ 28 层为办公用房），中标价 2.2 亿，工期 300 天，工程内容为配电、照明、通风空调、管道、设备安装等。主要设备：冷水机组、配电柜、水泵、阀门均为建设单位指定产品，施工单位采购，其余设备、材料由施工单位自行采购。

施工单位项目部进场后，编制了施工组织设计和各专项方案。因设备布置在主楼三层设备间，采用了设备先垂直提升到三楼，再水平运输至设备间的运输方案。设备水平运输时，使用混凝土结构柱作牵引受力点，并绘制了设备水平运输示意图（如图 2 所示），报监理及建设单位后被否定。

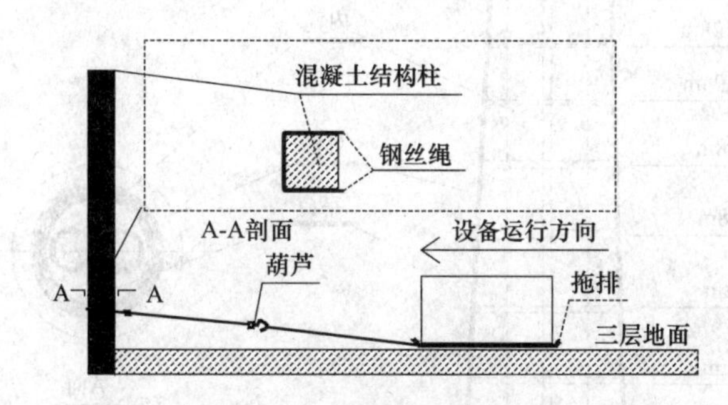

图 2　设备水平运输示意图

施工现场临时用电计量的电能表，经地级市授权的计量检定机构检定合格，供电部门检查后，提出电能表不准使用，要求重新检定。

在设备制造合同签订后，项目部根据监造大纲，编制了设备监造周报和月报，安排了专业技术人员驻厂监造，并设置了监督点。设备制造完成后，因运输问题导致设备延期 5 天运达施工现场。

施工期间，当地发生地震，造成工期延误 20 天，项目部应建设单位要求，为防止损失扩大，直接投入抢险费用 50 万元；外用工因待遇低而怠工，造成工期延误 3 天；在调试时，因运营单位技术人员误操作，造成冷水机组的冷凝器损坏，回厂修复，直接经济损失 20 万元，工期延误 40 天。

项目部在给水系统试压后，仍用试压用水（氯离子含量为 30ppm）对不锈钢管道进行冲洗；在系统试运行正常后，工程于 2015 年 9 月竣工验收。2017 年 4 月给水系统的部分阀门漏水，施工单位以阀门是建设单位指定的产品为由拒绝维修，但被建设单位否定，施工单位派出人员对阀门进行了维修。

问题

1. 设备运输方案被监理和建设单位否定的原因何在？如何改正？

2. 检定合格的电能表为什么不能使用？项目部编制的设备监造周报和月报有哪些主要内容？

3. 计算本工程可以索赔的工期及费用。

4. 项目部采用的试压及冲洗用水是否合格？说明理由。说明建设单位否定施工单位拒绝阀门维修的理由。

（三）

背景资料

A 公司承担某炼化项目的硫磺回收装置施工总承包任务，其中烟气脱硫系统包含的烟囱由外筒和内筒组成，外筒为钢筋混凝土筒壁，高度 145m；内筒为等直径自立式双管钢筒，高 150m，内筒与外筒之间有 8 层钢结构平台，每层间由钢梯连接，钢结构平台安装标高如图 3 所示。

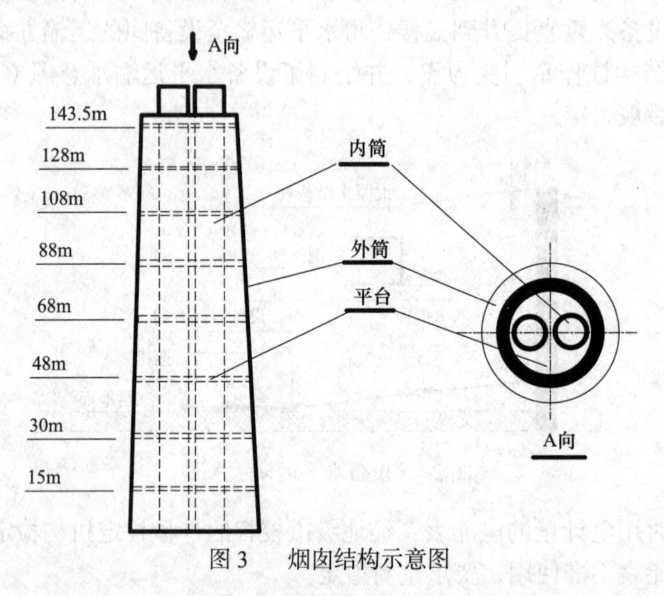

图 3　烟囱结构示意图

钢筒制造、检验和验收按《钢制焊接常压容器》的规定进行。钢筒材质为 S31603＋Q345C。钢筒外壁基层表面，除锈达到 Sa2.5 级进行防腐；裙座以上外保温，裙座以下设内、外防火层。

A 公司与 B 公司签订了烟囱钢结构平台及钢梯分包合同；与 C 公司签订了钢筒分段现场制造及安装分包合同；与 D 公司签订了钢筒防腐保温绝热分包合同。

施工前，A 公司依据《建筑工程施工质量验收统一标准》GB 50300 和《工业安装工程质量检验评定统一标准》GB 50252 的规定，对烟囱工程进行了分部、分项工程的划分，并通过了建设单位的批准。

B 公司施工前，编制了钢平台和钢梯吊装专项方案，利用烟囱外筒顶部预置的两根吊装钢梁，悬挂两套滑车组，通过在地面的两台卷扬机牵引滑车组提升钢平台和钢梯。编制方案时，通过分析不安全因素，识别出显性和潜在的危险源。

C 公司首次从事钢筒所用材质的焊接任务，进行了充分的焊接前技术准备，完成焊接工作必需的工艺文件，选择合格的焊工，验证施焊能力；顺利完成了钢筒制造、组对焊接和检验等。

在钢筒外壁除锈前，D 公司质量员对钢筒外表面进行了检查，外表面平整，还重点检查了焊缝表面，焊缝余高均小于 2mm，并平滑过渡，满足施工质量验收规范要求。

问题

1. 烟囱工程按验收统一标准可划分为哪几个分部工程？

2. 钢结构平台在吊装过程中，吊装设施的主要危险因素有哪些？

3. C 公司在焊接前应完成哪几个焊接工艺文件？焊工应取得什么证书？

4. 钢筒外表面除锈应采取哪一种方法？在焊缝外表面的质量检查中，不允许的质量缺陷还有哪些？

（四）

背景资料

某项目机电工程由某安装公司承接，该项目地上 10 层、地下 2 层。工程范围主要是防雷接地装置、变配电室、机房设备和室内电气系统等的安装。

工程利用建筑物金属铝板屋面及其金属固定架作为接闪器，并用混凝土柱内两根主筋作为防雷引下线，引下线与接闪器及接地装置的焊接连接可靠。但在测量接地装置的接地电阻时，接地电阻偏大，未达到设计要求，安装公司采取了能降低接地电阻的措施后，书面通知监理工程师进行隐蔽工程验收。

变配电室位于地下二层。变配电室的主要设备（三相干式变压器、手车式开关柜和抽屉式配电柜）由业主采购，其他设备、材料由安装公司采购。在变配电室的低压母线处和各弱电机房电源配电箱处均设置电涌保护器（SPD），电涌保护器接线形式满足设计要求，接地导线和连接导线均符合要求。变配电室设备安装合格，接线正确。设备机房的配电线路敷设，采用柔性导管与动力设备连接，符合规范要求。

在签订合同时，业主还与安装公司约定，提前一天完工奖励 5 万元，延后一天罚款 5 万元，赶工时间及赶工费用见表 4。变配电室的设备进场后，变压器因保管不当受潮，干燥处理增加费用 3 万，最终安装公司在约定送电前，提前 6 天完工，验收合格。

在工程验收时还对开关等设备进行抽样检验，主要使用功能符合相应规定。

赶工时间及赶工费用 **表 4**

序号	工作内容	计划费用（万元）	赶工时间（天）	赶工费用（万元 / 天）
1	基础框架安装	10	2	1
2	接地干线安装	5	2	1
3	桥架安装	20	—	—
4	变压器安装	10	—	—
5	开关柜配电柜安装	30	3	2
6	电缆敷设	90	—	—
7	母线安装	80	—	—
8	二次线路敷设	5	—	—
9	试验调整	30	3	2
10	计量仪表安装	4	—	—
11	检查验收	2	—	—

问题

1. 防雷引下线与接闪器及接地装置还可以有哪些连接方式？写出本工程降低接地电阻的措施。

2. 送达监理工程师的隐蔽工程验收通知书应包括哪些内容？

3. 本工程电涌保护器接地导线位置和连接导线长度有哪些要求？柔性导管长度和与电气设备连接有哪些要求？

4. 列式计算变配电室工程的成本降低率。

5. 在工程验收时的抽样检验，还有哪些要求应符合相关规定？

（五）

背景资料

A 公司承建某 2×300MW 锅炉发电机组工程。锅炉为循环流化床锅炉，汽机为凝汽式汽轮机。锅炉的部分设计参数见表 5。

锅炉部分设计参数 **表 5**

项　目	单　位	数　值
蒸发量	t/h	1025
过热蒸汽出口压力	MPa	17.65
汽包设计压力	MPa	20.00

A 公司持有 1 级锅炉安装许可证和 GD1 级压力管道安装许可证，施工前按规定进行了安装告知。由 B 监理公司承担工程监理。

A 公司的 1 级锅炉安装许可证在 2 个月后到期，A 公司已于许可证有效期届满前 6 个月，按规定向公司所在地省级质量技术监督局提交了换证申请，并已完成换证鉴定评审，发证在未来的两周内完成。但监理工程师认为，新的许可证不一定能被批准，为不影响工程的质量和正常进展，建议建设单位更换施工单位。

工程所在地的冬季气温会低至－10℃，A 公司提交报审的施工组织设计中缺少冬季施工措施，监理工程师要求 A 公司补充。锅炉受热面的部件材质主要为合金钢和 20G，在安装前，根据制造厂的出厂技术文件清点了锅炉受热面的部件数量，对合金钢部件进行了材质复验。

A 公司在油系统施工完毕，准备进行油循环时，监理工程师检查发现油系统管路上的阀门门杆垂直向上布置，要求整改。A 公司整改后，自查原因，是施工技术方法的控制策划失控。

锅炉安装后进行整体水压试验。

（1）水压试验时，在汽包和过热器出口联箱处各安装了一块精度为 1.0 级的压力表，量程符合要求；在试压泵出口也安装了一块同样精度和规格的压力表。

（2）在试验压力保持期间，压力降 $\Delta p=0.2$MPa，压力降至汽包工作压力后全面检查：压力保持不变，在受压元件金属壁和焊缝上没有水珠和水雾，受压元件没有明显变形。

在工程竣工验收中，A 公司以监理工程师未在有争议的现场费用签证单上签字为由，直至工程竣工验收 50 天后，才把锅炉的相关技术资料和文件移交给建设单位。

问题

1. 本工程中，监理工程师建议更换施工单位的要求是否符合有关规定？说明理由。

2. 锅炉安装环境温度低于多少度时应采取相应的保护措施？ A公司是根据哪些技术文件清点锅炉受热面的部件数量？如何复验合金钢部件的材质？

3. 油系统管路上的阀门应怎样整改？施工技术方法的控制策划有哪些主要内容？

4. 计算锅炉一次系统（不含再热蒸汽系统）的水压试验压力。压力表的精度和数量是否满足水压试验要求？本次水压试验是否合格？

5. 在工程竣工验收中，A公司的做法是否正确？说明理由。

2018年度真题参考答案及考点解析

一、单项选择题

1.【答案】D

【考点】铜合金应用。

【解析】机电工程中广泛使用的铜合金有黄铜、青铜和白铜。机电设备冷凝器、散热器、热交换器、空调器等常用黄铜制造；锡青铜广泛应用于轴承、轴套等耐磨零件和弹簧等弹性元件，以及抗蚀、抗磁零件等；白铜主要用于制造船舶仪器零件、化工机械零件及医疗器械。

2.【答案】A

【考点】风力发电机组的组成。

【解析】风力发电机组的组成：

（1）直驱式风电机组：主要由塔筒（支撑塔）、机舱总成、发电机、叶轮总成、测风系统、电控系统和防雷保护系统组成。

（2）双馈式风电机组：主要由塔筒、机舱、叶轮组成。机舱内集成了发电机系统、齿轮变速系统、制动系统、偏航系统、冷却系统等。

3.【答案】B

【考点】机电工程测量。

【解析】机电工程测量包括对设备及钢构的变形监测、沉降观测，设备安装划线、定位、找正测量，工程竣工测量等。

4.【答案】A

【考点】卷扬机容绳量。

【解析】卷扬机容绳量即卷扬机的卷筒允许容纳的钢丝绳工作长度的最大值。每台卷扬机的铭牌上都标有对某种直径钢丝绳的容绳量，选择时必须注意，如果实际使用的钢丝绳的直径与铭牌上标明的直径不同，还必须进行容绳量校核。

5.【答案】A

【考点】焊接变形预防措施。

【解析】预防焊接变形的措施中，合理的焊接顺序和方向。例如，储罐底板焊接顺序采用先焊中幅板、边缘板对接焊缝外300mm长；待焊接完壁板和边缘板角焊缝后，再焊接边缘板剩余对接焊缝；最后焊接中幅板和边缘板的环焊缝。

6.【答案】C

【考点】机械设备典型零部件装配要求。

【解析】机械设备典型零部件装配要求：

（1）齿轮装配时，圆柱齿轮和蜗轮的接触斑点，应趋于齿侧面中部。

（2）联轴器装配时，将两个半联轴器一起转动，应每转90°测量一次。

（3）滑动轴承装配时，轴颈与轴瓦的侧间隙可用塞尺检查。

（4）采用温差法装配时，应均匀地改变轴承的温度，轴承的加热温度不应高于120℃，冷却温度不应低于−80℃。

7. **【答案】**A

【考点】管道元件或材料的性能数据或检验结果有异议时的处理。

【解析】当对管道元件或材料的性能数据或检验结果有异议时，在异议未解决之前，该批管道元件或材料不得使用。例如，质量证明文件的性能数据不符合相应产品标准和订货技术条件；对质量证明文件的性能数据有异议；实物标识与质量证明文件标识不符；要求复检的材料未经复检或复检不合格等。

8. **【答案】**D

【考点】配电装置整定。

【解析】配电装置的主要整定内容：

（1）过电流保护整定：电流元件整定和时间元件整定。

（2）过负荷告警整定：过负荷电流元件整定和时间元件整定。

（3）三相一次重合闸整定：重合闸延时整定和重合闸同期角整定。

（4）零序过电流保护整定：电流元件整定、时间元件整定和方向元件整定。

（5）过电压保护整定：过电压范围整定和过电压保护时间整定。

9. **【答案】**D

【考点】试样的拉伸试验合格指标。

【解析】试样的拉伸试验合格指标：同一母材拉伸试样的抗拉强度应不低于母材标准抗拉强度最低值；对不同强度等级的母材组成的焊接接头，抗拉强度应不低于两种母材标准抗拉强度最低值中的较小者。

10. **【答案】**B

【考点】光伏发电设备组成。

【解析】光伏发电设备主要由光伏支架、光伏组件、汇流箱、逆变器、电气设备等组成。光伏支架包括跟踪式支架、固定支架和手动可调支架等。

11. **【答案】**D

【考点】回路试验规定。

【解析】回路试验的规定：

（1）回路的显示仪表部分的示值误差，不应超过回路内各单台仪表允许基本误差平方和的平方根值。

（2）温度检测回路可在检测元件的输出端向回路输入电阻值或毫伏值模拟信号。

（3）当现场不具备模拟被测变量信号的回路时，应在其可模拟输入信号的最前端输入信号进行回路试验。

（4）控制回路试验时，执行器带有定位器时应同时试验。

12. **【答案】**D

【考点】高压无气喷涂。

【解析】高压无气喷涂优点：克服了一般空气喷涂时，发生涂料回弹和大量漆雾飞扬的现象，不仅节省了漆料，而且减少了污染，改善了劳动条件；工作效率较一般空气喷涂提高了数倍至十几倍；涂膜质量较好；适宜于大面积的物体涂装。

13. **【答案】** C

【考点】 绝热层捆扎施工要求。

【解析】 绝热层的捆扎施工要求：

（1）不得采用螺旋式缠绕捆扎。

（2）每块绝热制品上的捆扎件不得少于两道，对有振动的部位应加强捆扎。

（3）双层或多层绝热层的绝热制品，应逐层捆扎，并各层表面进行找平和严缝处理。

（4）不允许穿孔的硬质绝热制品，钩钉位置应布置在制品的拼缝处；钻孔穿挂的硬质绝热制品，其孔缝应采用矿物棉填塞。

14. **【答案】** B

【考点】 耐火陶瓷纤维施工技术。

【解析】 耐火陶瓷纤维施工技术要求：

（1）制品不得受潮和挤压。

（2）切割制品时，其切口应整齐。

（3）粘结剂使用时应搅拌均匀。

（4）粘贴面应清洁、干燥、平整，粘切面应均匀涂刷粘结剂。

15. **【答案】** C

【考点】 电梯施工技术要求。

【解析】 电梯工程施工技术要求：

（1）当轿厢完全压在缓冲器上时，随行电缆不得与底坑地面接触。

（2）井道照明电压宜采用 36V 安全电压。

（3）动力和电气安全装置的导体之间和导体对地之间的绝缘电阻不得小于 0.5MΩ。

（4）对瞬时式安全钳，轿厢应载有均匀分布的额定载重量；对渐进式安全钳，轿厢应载有均匀分布的 125% 额定载重量。

16. **【答案】** D

【考点】 自动喷水灭火系统施工程序。

【解析】 自动喷水灭火系统施工程序：施工准备→干管安装→报警阀安装→立管安装→分层干、支管安装→喷洒头支管安装→管道冲洗→管道试压→减压装置安装→报警阀配件及其他组件安装→喷洒头安装→系统通水调试。

17. **【答案】** C

【考点】 施工临时用电变更。

【解析】 对于减少合同约定的用电容量、临时更换大容量变压器、用户暂停、用户暂换、用户迁址、用户移表、用户更名或过户、用户分户和并户、用户销户和改变用电类别等用户变更用电，同样也应事先提出申请，并携带有关证明文件，到供电企业用电营业场所办理手续，变更供用电合同。

18. **【答案】** C

【考点】 特种设备安装改造维修许可证。

【解析】 取得特种设备安装改造维修许可证（锅炉）2 级许可资格的单位可以从事压力容器安装。

19. 【答案】A

【考点】分部（子分部）工程质量验收记录的检查评定结论的填写要求。

【解析】分部（子分部）工程质量验收记录的检查评定结论由施工单位填写。验收结论由建设（监理）单位填写。记录表签字人：建设单位项目负责人、建设单位项目技术负责人；总监理工程师；施工单位项目负责人、施工单位项目技术负责人；设计单位项目负责人。

20. 【答案】D

【考点】单位工程质量验收。

【解析】单位工程质量验收时，总包与分包单位的有关人员应参加验收。

二、多项选择题

21. 【答案】B、C、D

【考点】中水给水系统的安装要求。

【解析】中水给水系统的安装要求：

（1）中水给水管道不得装设取水水嘴。

（2）便器冲洗宜采用密闭型设备和器具。

（3）中水供水管道严禁与生活饮用水给水管道连接，中水管道外壁应涂浅绿色标志；中水池（箱）、阀门、水表及给水栓均应有"中水"标志。

（4）中水管道不宜暗装于墙体和楼板内。

22. 【答案】A、D

【考点】灯具接地要求。

【解析】灯具的接地要求：

（1）Ⅰ类灯具的防触电保护不仅依靠基本绝缘，还需把外露可导电部分连接到保护导体上，因此Ⅰ类灯具外露可导电部分必须采用铜芯软导线与保护导体可靠连接，连接处应设置接地标识。

（2）Ⅱ类灯具的防触电保护不仅依靠基本绝缘，还具有双重绝缘或加强绝缘，因此Ⅱ类灯具外壳不需要与保护导体连接。

（3）Ⅲ类灯具的防触电保护是依靠安全特低电压，电源电压不超过交流50V，采用隔离变压器供电。因此Ⅲ类灯具的外壳不容许与保护导体连接。

23. 【答案】A、B、C

【考点】通风与空调工程施工质量主控项目验收的规定。

【解析】《通风与空调工程施工质量验收规范》GB 50243—2016 第6.2.1条、第6.2.2条、第6.2.3条规定。

24. 【答案】A、E

【考点】智能化工程系统调试、检测的要求。

【解析】系统调试、检测的要求：

（1）调试工作应由项目专业技术负责人主持。

（2）系统检测应在系统试运行合格后进行。

（3）检测方案经建设单位或项目监理批准后实施。

（4）系统检测程序：分项工程→子分部工程→分部工程。

（5）分项工程检测记录、子分部工程检测记录和分部工程检测汇总记录由检测小组填写，检测负责人做出检测结论，监理（建设）单位的监理工程师（项目专业技术负责人）签字确认。

25.【答案】A、B、D、E

【考点】设备监造停工待检点。

【解析】停工待检（H）点设置：

（1）针对设备安全或性能最重要的相关检验、试验而设置。

（2）重要工序节点、隐蔽工程、关键的试验验收点或不可重复试验验收点。

（3）停工待检（H）点的检查重点之一是验证作业人员上岗条件要求的质量与符合性。

26.【答案】A、D、E

【考点】施工方案技术经济比较。

【解析】施工方案的技术经济合理性比较：

（1）比较各方案的一次性投资总额。

（2）比较各方案的资金时间价值。

（3）比较各方案对环境影响的损失。

（4）比较各方案总产值中剔除劳动力与资金对产值增长的贡献。

（5）比较各方案对工程进度时间及其费用影响的大小。

（6）比较各方案综合性价比。

27.【答案】A、D、E

【考点】工厂模块化预制技术的优点。

【解析】工厂模块化预制技术的应用，实现了建筑机电安装工程的安装标准化、产品模块化、产品集成化。

28.【答案】A、B、C、D

【考点】机电工程施工进度计划安排中的制约因素。

【解析】机电工程施工进度计划安排中的制约因素有工程实体现状、设备材料进场时机、安装工艺规律、施工作业人员配备。

29.【答案】A、C、D

【考点】光伏发电工程施工要点。

【解析】光伏发电工程施工时，汇流箱内的光伏组件串电缆接引前的要求：光伏组件侧有明显断开点，汇流箱内所有开关已断开，逆变器侧有明显断开点。

30.【答案】A、C、D

【考点】压缩机（单机）空气负荷试运行要求。

【解析】压缩机（单机）在空气负荷试运行后，应排除气路和气罐中剩余压力，排除气缸及管路中的冷凝液，清洗油过滤器和更换润滑油。

三、实务操作和案例分析题

（一）

1.【参考答案】劳动力计划调整后，3月份和7月份的施工人员分别是20人和120人。

劳动力优化配置的依据：项目所需劳动力的种类及数量；项目的施工进度计划；项目的劳动力资源供应环境。

【考点解析】劳动力计划调整后，从施工进度计划和劳动力计划分析出3月份和7月份的施工人员。劳动力优化配置的依据：劳动力种类及数量；施工进度计划；资源供应环境。

2. **【参考答案】**第一批进场的阀门按规范要求最少应抽查44个进行强度试验，*DN*300闸阀的强度试验压力应为2.4MPa；最短强度试验持续时间是180s。

【考点解析】阀门安装前，应做强度和严密性试验。试验应在每批（同牌号、同型号、同规格）数量中抽查10%，且不少于一个。对于安装在主干管上起切断作用的闭路阀门，应逐个做强度和严密性试验。阀门的强度试验压力为公称压力（1.6MPa）的1.5倍。

3. **【参考答案】**水泵（图1）运行时会产生的不良后果：进水管的同心异径接头会形成气囊；压力表接管没有弯圈，压力表会有压力冲击而损坏。合格的返工部分示意图如下所示：

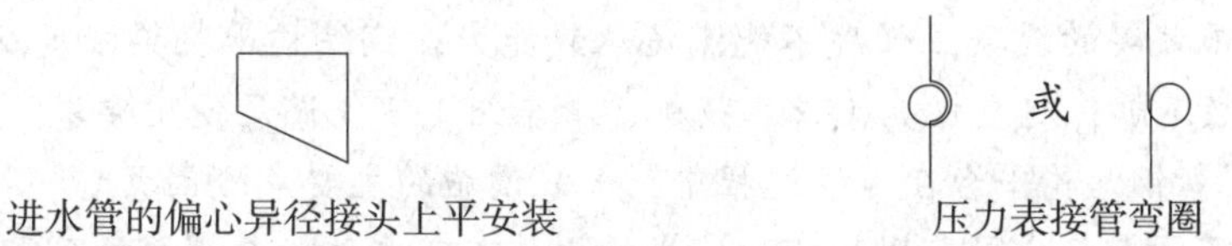

进水管的偏心异径接头上平安装　　　　压力表接管弯圈

【考点解析】进水管的同心异径接头会形成气囊；压力表接管没有弯圈，压力表会有压力冲击而损坏。进水管的偏心异径接头上平安装，压力表接管弯圈。

4. **【参考答案】**本工程在联动试运行中，需要与建筑电气系统、通风空调风系统、火灾自动报警及联动系统、建筑装饰专业的配合协调。

【考点解析】联动试运行时，管道专业与其他专业系统的配合协调。

（二）

1. **【参考答案】**设备运输方案被监理和建设单位否定的原因和改正措施：设备的牵引绳不能直接绑扎在混凝土结构柱上，应在混凝土柱四角用木方或钢板保护；牵引绳采用结构柱为受力点，须报原设计单位校验同意后实施。

【考点解析】设备运输方案中，设备的牵引绳在混凝土结构柱上应用木方或钢板保护；采用结构柱为受力点，须原设计单位校验同意后实施。

2. **【参考答案】**电能表属于强制检定范畴，必须经省级计量行政主管部门授权的检定机构进行检定，合格后才准使用。

项目部编制的设备监造周报和月报主要内容有：设备制造进度情况；质量检查的内容；发现的问题及处理方式；前次发现问题处理情况的复查；监造人、时间等其他相关信息。

【考点解析】电能表必须经省级计量行政主管部门授权的检定机构进行检定。设备监造周报和月报的主要内容。

3. **【参考答案】**本工程可以索赔的工期＝20＋40＝60天；费用＝50＋20＝70万元。

【考点解析】地震造成工期延误20天和冷水机组回厂修复工期延误40天可以索赔。直接投入抢险费用50万元和冷水机组直接经济损失20万元可以索赔。

4. **【参考答案】**项目部采用的试压及冲洗用水不合格，不锈钢管道的试压及冲洗用水的氯离子含量要小于25ppm。

建设单位否定施工单位拒绝阀门维修的理由：阀门虽为建设单位指定产品，但阀门合同的签订及采购是施工单位，施工单位是质量责任主体。工程还处于质保期内，施工单位应该无条件维修。

【考点解析】不锈钢管道的试压及冲洗用水的氯离子含量要小于25ppm。施工单位是质量责任主体，工程还处于质保期内，施工单位应该无条件维修。

（三）

1. **【参考答案】**烟囱工程按工业安装工程施工质量验收统一标准要求可划分的分部工程有：平台及梯子钢结构安装分部工程；烟囱内筒设备安装分部工程、内筒外壁防腐蚀分部工程、内筒绝热分部工程。

【考点解析】烟囱工程的分部工程划分。

2. **【参考答案】**钢结构平台在吊装过程中，吊装设施的主要危险因素有：烟囱外筒顶端支撑钢结构吊装梁的混凝土强度不能满足承载能力；钢结构吊装梁强度及稳定性不够；钢丝绳安全系数不够；起重机具（或卷扬机、滑车组）不能满足使用要求。

【考点解析】钢结构平台在吊装过程中，吊装设施的主要危险因素。

3. **【参考答案】**C公司在焊接前应完成的焊接工艺文件：与焊接所匹配的焊接工艺评定报告（或PQR）；焊接工艺规程（或WPS）；焊工应取得相应的特种设备作业人员证。

【考点解析】焊接前应完成的焊接工艺文件。焊工的资格证书。

4. **【参考答案】**钢筒外表面除锈方法应采取喷射除锈或抛射除锈。在焊缝外表面的检查中，不允许的质量缺陷还有气孔、焊瘤和夹渣。

【考点解析】钢筒外表面除锈方法选择；焊缝外表面的质量缺陷。

（四）

1. **【参考答案】**防雷引下线与接闪器可采用卡接器连接，与接地装置可采用螺栓连接。降低接地电阻的措施：使用降阻剂、换土和安装接地模块。

【考点解析】防雷引下线与接闪器及接地装置连接方式；降低接地电阻的措施。

2. **【参考答案】**送达监理工程师的隐蔽工程验收通知书包括：隐蔽验收内容、隐蔽形式、验收时间和地点。

【考点解析】隐蔽工程验收通知书内容。

3. **【参考答案】**电涌保护器的接地导线位置不宜靠近出线位置，连接导线长度不宜大于0.5m。柔性导管长度不宜大于0.8m，柔性导管与电气设备连接应采用专用接头。

【考点解析】电涌保护器接地导线位置和连接导线长度要求；柔性导管长度和与电气设备连接要求。

4. **【参考答案】**变配电室工程成本降低率：（286－275）/286×100%＝3.85%

【考点解析】成本降低率的计算。

成本降低率＝（计划成本－实际成本）/ 计划成本 ×100%

原计划费用：10＋5＋20＋10＋30＋90＋80＋5＋30＋4＋2＝286万元

工程赶工总费用为：2×1＋2×1＋3×2＋3×2＝16万元

提前6天奖励5×6＝30万元

赶工后实际费用为：286＋16＋3－30＝275 万元

变配电室工程成本降低率：（286－275）/286×100%＝3.85%

5.【参考答案】在工程验收时的抽样检验中还有接地安全、节能、环境保护应符合相应规定。

【考点解析】工程验收时的抽样检验相关规定。

（五）

1.【参考答案】监理工程师建议更换施工单位的要求不符合规定，理由是：A 公司持有的锅炉安装许可证未过期，在有效期内，A 公司的换证程序合规，符合规定。

【考点解析】锅炉安装许可证有效期，更换许可证的有关规定。

2.【参考答案】锅炉安装环境温度低于 0℃时应采取相应保护措施。A 公司是根据供货清单、装箱单和本体图纸清点锅炉受热面部件数量，用光谱分析、逐件复验合金钢部件的材质。

【考点解析】锅炉安装环境温度要求；清点锅炉受热面部件数量的技术文件，合金钢部件的材质复验。

3.【参考答案】油系统管路上的阀门布置，施工技术方法的控制策划主要内容有施工方案、专题措施、技术交底、作业指导书、技术复核。

【考点解析】油系统管路上的阀门应水平或向下布置，施工技术方法的控制策划内容。

4.【参考答案】一次系统（不含再热蒸汽系统）的水压试验压力 20×1.25＝25MPa。压力表的精度和数量满足水压试验要求。本次水压试验合格。

【考点解析】锅炉一次系统的水压试验压力，压力表的精度和数量要求；水压试验合格要求。

5.【参考答案】在工程竣工验收中，A 公司的做法不正确。特种设备的安装竣工后，安装施工单位应当在验收后三十日内将相关技术资料和文件移交特种设备使用单位。

【考点解析】特种设备竣工验收后，相关技术资料和文件移交规定。

2017年度一级建造师执业资格考试
《机电工程管理与实务》真题

一、单项选择题（共20题，每题1分。每题的备选项中，只有1个最符合题意）

1. SF_6 断路器的灭弧介质和绝缘介质分别是（　　）。

A. 气体和液体　　B. 气体和气体

C. 液体和液体　　D. 液体和真空

2. 连续生产线上的设备安装标高测量应选用（　　）基准点。

A. 简单标高　　B. 预埋标高

C. 中心标板　　D. 木桩式标高

3. 关于齿轮装配的说法，正确的是（　　）。

A. 齿轮的端面与轴肩端面不应靠紧贴合

B. 圆柱齿轮和蜗轮的接触斑点，应趋于齿侧面顶部

C. 用压铅法检查传动齿轮啮合的接触斑点

D. 基准端面与轴线的垂直度应符合传动要求

4. 高压开关柜的安装要求中，不属于“五防”要求的是（　　）。

A. 防止带负荷拉合刀闸　　B. 防止带地线合闸

C. 防止带电挂地线　　D. 防止无保护合闸

5. 管道系统压力试验前，应具备的条件是（　　）。

A. 管道上的膨胀节已设置临时约束装置

B. 管道焊缝已防腐绝热

C. 试验压力表不少于1块

D. 管道上的安全阀处于自然状态

6. 连接钢结构的高强度螺栓安装前，高强度螺栓连接摩擦面应进行（　　）试验。

A. 贴合系数　　B. 扭矩

C. 抗滑移系数　　D. 抗剪切系数

7. 1000MW发电机组的汽包就位，常采用（　　）方法。

A. 水平吊装　　B. 垂直吊装

C. 转动吊装　　D. 倾斜吊装

8. 关于自动化仪表系统中液压管道安装要求的说法，错误的是（　　）。

A. 油压管道应平行敷设在高温设备和管道上方

B. 油压管道与热表面绝热层的距离应大于150mm

C. 液压泵自然流动回流管的坡度不应小于1 ∶ 10

D. 液压控制器与供液管连接时，应采用耐压挠性管

9. 采用等离子弧喷涂铝作为内部防腐层的容器适合盛装（　　）液体。

A. 浓硝酸　　B. 氢硫酸

C. 盐酸　　D. 氢氟酸

10. 必须进行保冷的管道部位是（　　）。

A. 工艺上无特殊要求的放空管

B. 要求及时发现泄污的管道法兰处

C. 与保冷设备相连的仪表引压管

D. 要求经常监测，防止发生损坏的管道部位

11. 建筑智能化安全技术防范系统不包括（　　）。

A. 入侵报警系统　　B. 视频监控系统

C. 出入口控制系统　　D. 火灾自动报警系统

12. 在电梯安装单位自检试运行结束并提交记录后，负责对电梯校验和调试的单位是（　　）。

A. 建设单位　　B. 使用单位

C. 特种设备安全监督管理单位　　D. 制造单位

13. 机电工程施工合同在工程实施过程中的重点是（　　）。

A. 分析合同风险　　B. 分析合同中的漏洞

C. 合同跟踪与控制　　D. 分解落实合同任务

14. 机电工程项目部对劳务分承包单位协调管理的重点是（　　）。

A. 作业面的调整　　B. 施工物资的采购

C. 质量安全制度制定　　D. 临时设施布置

15. 机电工程安全风险控制的技术措施是（　　）。

A. 降低风险的措施　　B. 完善管理程序和操作规程

C. 落实应急预案　　D. 安全和环境教育培训

16. 根据《建设工程质量管理条例》，建设工程在正常使用条件下，最低保修期限要求的说法，错误的是（　　）。

A. 设备安装工程保修期为 2 年　　B. 电气管线安装工程保修期为 3 年

C. 供热系统保修期为 2 个供暖期　　D. 供冷系统保修期为 2 个供冷期

17. 关于工业设备安装工程划分的说法，错误的是（　　）。

A. 分项工程应按设备的台（套）、机组划分

B. 同一个单位工程中的设备安装工程，可划分为一个分部工程

C. 大型设备安装工程，可单独构成单位工程

D. 大型设备安装工程的分项工程不能按工序划分

18. 根据工程建设用电的规定，需要提交用电申请资料的是（　　）。

A. 用电线路　　B. 用电档案

C. 用电规划　　D. 用电变更

19. 用 GD1 或 GD2 作为划分等级的管道是（　　）。

A. 动力管道　　B. 公用管道

C. 工业管道　　　　　　　　　　　　D. 长输管道

20. 下列建筑安装工程检验批的质量验收中，属于一般检验项目的是（　　）。

A. 重要材料　　　　　　　　　　　　B. 管道的压力试验

C. 卫生器具给水配件安装　　　　　　D. 风管系统的测定

二、多项选择题（共10题，每题2分。每题的备选项中，有2个或2个以上符合题意，至少有1个错项。错选，本题不得分；少选，所选的每个选项得0.5分）

21. 吊装工程选用卷扬机应考虑的基本参数有（　　）。

A. 总功率　　　　　　　　　　　　B. 额定牵引拉力

C. 工作速度　　　　　　　　　　　D. 容绳量

E. 自重

22. 关于焊接工艺评定的说法，正确的有（　　）。

A. 用于验证和评定焊接工艺方案的正确性

B. 直接用于指导生产

C. 是焊接工艺指导书的支持文件

D. 同一焊接工艺评定可作为几份焊接工艺指导书的依据

E. 多份焊接工艺评定可作为一份焊接工艺指导书的依据

23. 关于高层建筑管道安装的说法，正确的有（　　）。

A. 管道保温及管道井、穿墙套管的封堵应采用阻燃材料

B. 必须设置安全可靠的室内消防给水系统

C. 高层建筑雨水管可采用排水铸铁管

D. 给水、热水系统应进行合理的竖向分区并加设减压设备

E. 应考虑管道的防振、降噪措施

24. 关于线槽配线、导管配线施工技术要求的说法，正确的有（　　）。

A. 线槽内导线总截面积不应大于线槽内截面积的60%

B. 金属线槽应可靠接地或接零，应作为设备的接地导体

C. 导线敷设后，其线路绝缘电阻测试值应大于0.5MΩ

D. 埋入建筑物的电线保护管，与建筑物表面的距离不应大于10mm

E. 管内导线的总截面积不应大于管内空截面积的40%

25. 通风与空调系统的检测与试验，包括的内容有（　　）。

A. 对风管制作工艺进行的风管强度与严密性试验

B. 制冷机组、空调机组、风机盘管进行现场水压试验

C. 冷凝水管道安装完毕，外观检查合格后，进行通水试验

D. 集分水器、开式水箱的水压试验

E. 风管系统安装完成后，对主干风管进行漏光试验或漏风量检测

26. 自动喷水灭火系统的总出水管上应安装有（　　）。

A. 过滤器　　　　　　　　　　　　B. 止回阀

C. 多功能水泵控制阀　　　　　　　D. 泄压阀

E. 压力表

27. 根据《招标投标法》，由建设单位指定的5名行政领导和1名技术专家组成的评标委员会，存在的错误有（　　）。

A. 人数不是奇数　　B. 缺少经济专家

C. 技术和经济专家未达到2/3以上　　D. 未从专家库随机抽取

E. 总的人数不足

28. 设备监造的内容有（　　）。

A. 审查制造单位的质量保证体系

B. 审查原材料的质量证明书和复验报告

C. 现场见证制造加工工艺

D. 监督设备的集结和运输

E. 施工现场设备的检验和试验

29. 下列工程中，需组织专家论证专项施工方案的有（　　）。

A. 10t重的单根钢梁采用汽车吊吊装　　B. 净高3m的脚手架搭设

C. 埋深2m的管道一般沟槽开挖　　D. 5.5m深的设备基础基坑开挖

E. 桅杆吊装的缆风绳稳定系统

30. 关于材料进场验收要求的说法，正确的有（　　）。

A. 要求进场复验的材料应有取样送检证明报告

B. 验收工作应按质量验收规范和计量检测规定进行

C. 验收内容应完整，验收要做好记录，办理验收手续

D. 甲供的材料只做好标识

E. 对不符合计划要求的材料可暂缓接收

三、案例分析题（共5题，（一）、（二）、（三）题各20分，（四）、（五）题各30分）

（一）

背景资料

某施工单位以EPC总承包模式中标一大型火电工程项目，总承包范围包括工程勘察设计、设备材料采购、土建安装工程施工，直至验收交付生产。

按合同规定，该施工单位投保建筑安装工程一切险和第三者责任险，保险费由该施工单位承担。为了控制风险，施工单位组织了风险识别、风险评估，对主要风险采取风险规避等风险防范对策。根据风险控制要求，由于工期紧，正值雨季，采购设备数量多，价值高，施工单位对采购本合同工程的设备材料，根据海运、陆运、水运和空运等运输方式，投保运输一切险。在签订采购合同时明确由供应商负责购买并承担保费，按设备材料价格投保，保险区段为供应商仓库到现场交货为止。

施工单位成立了采购小组，组织编写了设备采购文件，开展设备招标，组织专家按照《招投标法》的规定，进行设备采购评审，选择设备供应商，并签订供货合同。

220kV变压器安装完成后，电气试验人员按照交接试验标准规定，进行了变压器绝缘电阻测试、变压器极性和接线组别测试、变压器绕组连同套管直流电阻测量、直流耐压和泄漏电流测试等电气试验，监理检查认为变压器电气试验项目不够，应补充试验。

发电机定子到场后，施工单位按照施工作业文件要求，采用液压提升装置将定子吊装就位。发电机转子到场后，根据施工作业文件及厂家技术文件要求，进行了发电机转子穿装前的气密性试验，重点检查了转子密封情况，试验合格后，采用滑道式方法将转子穿装就位。

问题

1. 风险防范对策除了风险规避外还有哪些？该施工单位将运输一切险交由供货商负责属于何种风险防范对策？

2. 设备采购文件的内容由哪些组成？设备采购评审包括哪几部分？

3. 按照电气设备交接试验标准的规定，220kV 变压器的电气试验项目还有哪些？

4. 发电机转子穿装前气密性试验重点检查内容有哪些？发电机转子穿装常用方法还有哪些？

（二）

背景资料

某厂的机电安装工程由 A 安装公司承包施工，土建工程由 B 建筑公司承包施工，A 安装公司、B 建筑公司均按照《建设工程施工合同（示范文本）》与建设单位签订了施工合同，合同约定：A 安装公司负责工程设备和材料的采购，合同工期为 214 天（3 月 1 日到 9 月 30 日），工期提前 1 天奖励 2 万元，延误 1 天罚款 2 万元。合同签订后，A 安装公司项目部编制了施工方案、施工进度计划和采购计划等，并经建设单位批准。

合同实施过程中发生了如下事件：

（1）A 安装公司项目部进场后，因 B 建筑公司的原因，土建工程延期 10 天交付给 A 安装公司项目部，使得 A 安装公司项目部的开工时间延后了 10 天。

（2）因供货厂家原因，订购的不锈钢阀门延期 15 天送达施工现场，A 安装公司项目部对阀门进行了外观检查，阀体完好，开启灵活，准备用于工程管道安装，被监理工程师叫停，要求对不锈钢阀门进行试验，项目部对不锈钢阀门进行了试验，试验全部合格。

（3）监理工程师发现：A 安装公司项目部已开始压力管道安装，但未向本市特种设备安全监督部门书面告知。监理工程师发出停工整改指令，项目部进行了整改，并向本市特种设备安全监督部门书面告知。

因以上事件造成安装工期延误，A 安装公司项目部及时向建设单位提出工期索赔，要求增加工期 25 天，项目部采取了技术措施，施工人员加班加点赶工期，使得机电安装工程在 10 月 4 日完成。

该机电安装工程完工后，建设单位在 10 月 4 日未经工程验收就擅自投入使用，在使用 3 天后发现不锈钢管道焊缝渗漏严重，建设单位要求项目部进行返工抢修，项目部抢修后，经再次试运转检验合格，在 10 月 11 日重新投用。

问题

1. 送达施工现场的不锈钢阀门应进行哪些试验？给出不锈钢阀门试验介质的要求。

2. 施工单位在压力管道安装前未履行“书面告知”手续，可受到哪些行政处罚？

3. A 安装公司项目部应得到工期提前奖励还是工期延误罚款？金额是多少万元？说明理由。

4. 该工程的保修期应从何日起算？写出工程保修的工作程序。

（三）

背景资料

某机电工程公司经招标投标承接了一台 660MW 火电机组安装工程。工程开工前，施工单位向监理工程师递交了工程安装主要施工进度计划（如图 3 所示，单位：天），满足合同工期的要求并获业主批准。

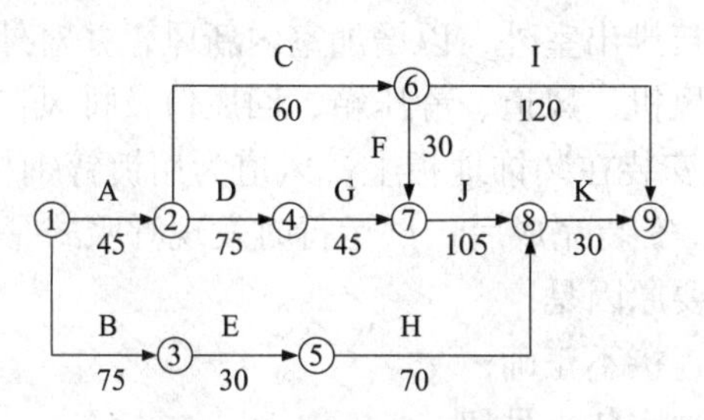

图 3　施工进度计划

在施工进度计划中，因为工作 E 和 G 需吊装载荷基本相同，所以租赁了同一台塔吊安装，并计划在第 76 天进场。

在锅炉设备搬运过程中，由于叉车故障在搬运途中失控，使所运设备受损，返回制造厂维修，工作 B 中断 20 天，监理工程师及时向施工单位发出通知，要求施工单位调整计划，以确保工程按合同工期完成。对此施工单位提出了调整方案，即将工作 E 调整为工作 G 完成后开工。在塔吊施工前，施工单位组织编写了吊装专项施工方案，并经审核签字后组织了实施。

该工程安装完毕后，施工单位在组织汽轮机单机试运转中发现，在轴系对轮中心找正过程中，轴系联结时的复找存在一定误差，导致运行噪声过大，经再次复找后满足了要求。

问题

1. 在原计划中如果按照先工作 E 后工作 G 组织吊装，塔吊应安排在第几天投入使用可使其不闲置？说明理由。

2. 工作 B 停工 20 天后，施工单位提出的计划调整方案是否可行？说明理由。

3. 塔吊专项施工方案在施工前应由哪些人员签字？塔吊选用除了考虑吊装载荷参数外还有哪些基本参数？

4. 汽轮机轴系对轮中心找正除轴系联结时的复找外还包括哪些找正？

（四）

背景资料

某机电工程公司承接北方某城市一高档办公楼机电安装工程，建筑面积 16 万 m^2，地下 3 层、地上 24 层，内容包括：通风空调工程、给水排水及消防工程、电气工程。

本工程空调系统设置的类型：

（1）首层大堂采用全空气定风量可变新风比空调系统；

（2）裙房二层、三层报告厅区域采用风机盘管与处理新风系统；

（3）三层以上办公区采用变风量 VAV 空调系统；

（4）网络机房、UPS 室等采用精密空调系统。

在地下室出入口区域、计算机房和资料室区域设置消防预作用灭火系统，系统通过自动控制的空压机保持管网系统正常的气体压力，在火灾自动探测报警系统报警后，开启电磁阀组使管网充水，变成湿式系统。

工程采用独立换气功能的内呼吸式玻璃幕墙系统，通过幕墙风机使幕墙空气腔形成负压，将室内空气经风道直接排出室外，以增加室内新风，并对外墙玻璃降温。系统由内外双层玻璃幕墙、幕墙管道风机、风道、静压箱、回风口及排风口六部分组成。回风口为带过滤器的木质单层百叶，安装在装饰地板上。风道为用镀锌钢板制作的小管径圆形风管，管径为 *DN*100 ～ 250mm。安装完成后，试运行时发现呼吸式幕墙风管系统运行噪声非常大，自检发现噪声大的主要原因是：

（1）风管与排风机的连接不正确；

（2）风管静压箱未单独安装支吊架。

项目部组织整改后，噪声问题得到解决。

在项目施工阶段，项目参加全国建筑业绿色施工示范工程的过程检查。专家对机电工程采用 BIM 技术优化管线排布、风管采用工厂化加工、现场用水用电控制管理等方面给予表扬，检查得 92 分，综合评价等级为优良。

机电工程全部安装完成后，项目部编制了机电工程系统调试方案，经监理审批后实施。制冷机组、离心冷冻冷却水泵、冷却塔、风机等设备单体试运行的运行时间和检测项目均符合规范和设计要求，项目部及时进行了记录。

问题

1. 本工程空调系统设置类型选用除考虑建筑的用途、规模外，还应主要考虑哪些因素？按空调系统的不同分类方式，风机盘管与新风系统分别属于何种类别的空调系统？

2. 预作用消防系统一般适用于有哪些要求的建筑场所？预作用阀之后的管道充气压力最大值为多少？

3. 风口安装与装饰交叉施工应注意哪些事项？指出风管与排风机连接处有何技术要求？

4. 绿色施工评价指标按其重要性和难易程度分为哪三类？单位工程施工阶段的绿色施工评价由哪个单位负责组织？

5. 离心水泵单体试运行目的何在？应主要检测哪些项目？

（五）

背景资料

某机电安装公司承接南方沿海某成品油罐区的安装任务。该机电公司项目部认真组织施工，在第一批罐底板到达现场后，即组织下料作业，连夜进行喷砂除锈。施工人员克服了在空气相对湿度达 90% 的闷湿环境下的施工困难，每 20min 完成一批钢板的除锈，露天作业 6h 后，终于完成了整批底板的除锈工作。其后，开始底漆喷涂作业。

质检员检查底漆喷涂质量后发现，漆层存在大量的返锈、大面积气泡等质量缺陷，统计数据见表 5：

表 5

缺陷名称	缺陷点数	占缺陷总数的百分比（%）
局部脱皮	20	10.0
大面积气泡	29	14.5
返锈	131	65.5
流挂	6	3.0
针孔	9	4.5
漏涂	5	2.5

项目部启动质量问题处理程序，针对产生的质量问题，分析了原因，明确了整改方法，整改措施完善后得以妥善处理，并按原验收规范进行验收。

底板敷设完成后，焊工按技术人员的交底：点焊固定后，先焊长焊缝，后焊短焊缝，采用大焊接线能量分段退焊。在底板焊接工作进行到第二天时，出现了很明显的波浪形变形。项目总工及时组织技术人员改正原交底中错误的做法，并采取措施，校正焊接变形，项目继续受控推进。

项目部采取措施，调整进度计划，采用赢得值法监控项目的进度和费用，绘制了项目执行 60 天的项目赢得值分析法曲线图（图 5）。

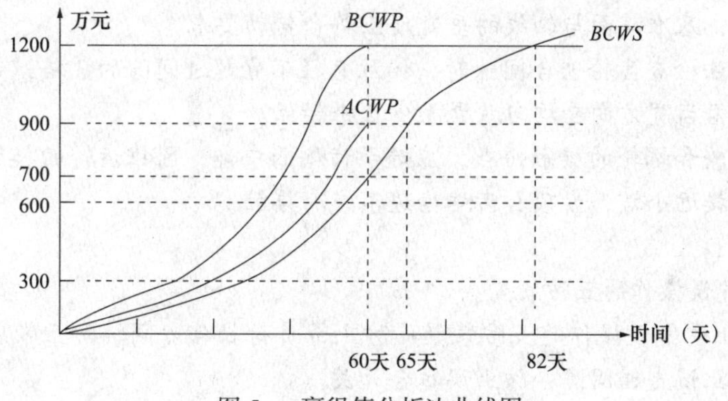

图 5　赢得值分析法曲线图

问题

1. 指出项目部在喷砂除锈和底漆喷涂作业中有哪些错误之处？经表面除锈处理后的金属，宜进行防腐层作业的最长时段是几小时内？

2. 根据质检员的统计表，按排列图法，将底漆质量问题分别归类到 A 类因素、B 类因素和 C 类因素。

3. 项目部就底漆质量缺陷应分别做何种后续处理？制定的质量问题整改措施还应包括哪些内容？

4. 指出技术员底板焊接交底中的错误之处，并纠正。

5. 根据赢得值分析法曲线图，指出项目进度在第 60 天时，是超前或滞后了多少万元？若用时间表达，是超前或滞后了多少天？指出第 60 天时，项目费用是超支或节余了多少万元？

2017年度真题参考答案及考点解析

一、单项选择题

1.【答案】B

【考点】SF_6气体。

【解析】SF_6断路器的灭弧和绝缘的介质是SF_6气体。

2.【答案】B

【考点】安装标高测量。

【解析】连续生产线上的设备安装标高测量应选用预埋标高基准点。

3.【答案】D

【考点】齿轮装配要求。

【解析】齿轮装配要求：

（1）齿轮装配时，齿轮基准面端面与轴肩或定位套端面应靠紧贴合，且用0.05mm塞尺检查不应塞入；基准端面与轴线的垂直度应符合传动要求。

（2）用压铅法检查齿轮啮合间隙时，铅丝直径不宜超过间隙的3倍，铅丝的长度不应小于5个齿距，沿齿宽方向应均匀放置至少2根铅丝。

（3）圆柱齿轮和蜗轮的接触斑点，应趋于齿侧面中部；圆锥齿轮的接触斑点，应趋于齿侧面的中部并接近小端；齿顶和齿端棱边不应有接触。

4.【答案】D

【考点】电气误操作的五防装置。

【解析】防止电气误操作的五防装置：防止带负荷拉合刀闸、防止带地线合闸、防止带电挂地线、防止误走错间隔、防止误拉合开关。

5.【答案】A

【考点】临时约束装置。

【解析】管道系统压力试验前，管道上的膨胀节已设置临时约束装置。

6.【答案】C

【考点】抗滑移系数试验。

【解析】连接钢结构的高强度螺栓安装前，高强度螺栓连接摩擦面应进行抗滑移系数试验。

7.【答案】D

【考点】汽包吊装方法。

【解析】1000MW发电机组的汽包就位，常采用倾斜吊装方法。

8.【答案】A

【考点】液压管道安装要求。

【解析】液压管道安装要求：

（1）油压管道不应平行敷设在高温设备和管道上方，与热表面绝热层的距离应大于150mm。

（2）液压泵自然流动回流管的坡度不应小于1 ：10，当回液落差较大时，应在集液箱之前安装一个水平段或U形弯管。

（3）液压控制器与供液管和回流管连接时，应采用耐压挠性管。

9. 【答案】A

【考点】有防腐层的容器适合盛装的液体。

【解析】采用等离子弧喷涂铝作为内部防腐层的容器适合盛装浓硝酸液体。

10. 【答案】C

【考点】仪表引压管的管道部位保冷。

【解析】与保冷设备相连的仪表引压管的管道部位必须进行保冷。

11. 【答案】D

【考点】建筑智能化安全技术防范系统。

【解析】建筑智能化安全技术防范系统包括：入侵报警系统，视频监控系统，出入口控制系统等。

12. 【答案】D

【考点】电梯校验和调试的单位。

【解析】在电梯安装单位自检试运行结束并提交记录后，负责对电梯校验和调试的单位是制造单位。

13. 【答案】C

【考点】施工合同的实施过程。

【解析】机电工程施工合同在工程实施过程中的重点是合同跟踪与控制。

14. 【答案】A

【考点】对劳务分承包单位的协调管理。

【解析】机电工程项目部对劳务分承包单位协调管理的重点是作业面的调整。

15. 【答案】A

【考点】风险控制的技术措施。

【解析】风险控制的技术措施：消除风险的措施；降低风险的措施；控制风险的措施。

16. 【答案】B

【考点】最低保修期限。

【解析】根据《建设工程质量管理条例》的规定，建设工程中安装工程在正常使用条件下的最低保修期限为：建设工程的保修期自竣工验收合格之日起计算；电气管线、给水排水管道、设备安装工程保修期为2年；供热和供冷系统为2个供暖期、供冷期。

17. 【答案】D

【考点】工业设备安装工程的划分。

【解析】工业设备安装工程的划分：

（1）分项工程的划分，按台（套）、机组、类别、材质、用途、介质、系统、工序等进行划分，并应符合各专业分项工程的划分规定。

（2）分部（子分部）工程的划分，按专业进行划分，较大的分部工程可划分为若干个子分部工程。

（3）单位工程的划分，按工业厂房、车间（工号）或区域进行划分，较大的单位工程可划分为若干个子单位工程。

18. **【答案】** C

【考点】 用户申请用电要求。

【解析】 用户申请用电时，应向供电企业提供用电工程项目批准的文件及有关的用电资料，其包括：用电地点、电力用途、用电性质、用电设备清单、用电负荷、保安电力、用电规划等，并依照供电企业规定的格式如实填写用电申请书及办理所需手续。

19. **【答案】** A

【考点】 压力管道划分。

【解析】 压力管道划分为长输（油气）管道（GA 类）、公用管道（GB 类）、工业管道（GC 类）、动力管道（GD 类）。

20. **【答案】** C

【考点】 建筑安装工程一般检验项目。

【解析】 建筑安装工程检验批质量验收中，卫生器具给水配件安装是属于一般检验项目。

二、多项选择题

21. **【答案】** B、C、D

【考点】 选用卷扬机的基本参数。

【解析】 吊装工程选用卷扬机应考虑的基本参数：额定牵引拉力、工作速度、容绳量。

22. **【答案】** A、C、D、E

【考点】 焊接工艺评定的作用。

【解析】 焊接工艺评定的作用是用于验证和评定焊接工艺方案的正确性，是焊接工艺指导书的支持文件，同一焊接工艺评定可作为几份焊接工艺指导书的依据，多份焊接工艺评定可作为一份焊接工艺指导书的依据。

23. **【答案】** A、B、D、E

【考点】 高层建筑雨水管要求。

【解析】 由于高层建筑高度大，当大雨或暴雨时雨水管是满流，甚至处于承压状态，要考虑管材的承压能力；若采用排水铸铁管易发生破裂，出现渗漏水等现象，因此高层建筑雨水管一般要用给水铸铁管。所以 C 是错误的，正确答案是 ABDE。

24. **【答案】** A、C、E

【考点】 线槽配线、导管配线施工技术要求。

【解析】 线槽配线、导管配线施工技术要求：

（1）线槽内导线总截面积不应大于线槽内截面积的 60%。

（2）金属线槽应可靠接地或接零，不能作为设备的接地导体。

（3）导线敷设后的线路绝缘电阻测试值应大于 0.5MΩ。

（4）埋入建筑物的电线保护管，与建筑物表面的距离不应大于 15mm。

（5）管内导线的总截面积不应大于管内空截面积的40%。

25.【答案】A、C、E

【考点】通风与空调系统的检测与试验内容。

【解析】通风与空调系统的检测与试验内容：对风管制作工艺进行的风管强度与严密性试验；冷凝水管道安装完毕，外观检查合格后，进行通水试验；风管系统安装完成后，对主干风管进行漏光试验或漏风量检测。

26.【答案】D、E

【考点】自动喷水灭火系统的总出水管安装要求。

【解析】自动喷水灭火系统的总出水管上应安装泄压阀和压力表。

27.【答案】A、B、C、D

【考点】评标专家组成。

【解析】评标委员会一般由招标人代表和技术、经济等方面的专家组成，其成员人数为5人以上单数。其中技术、经济等方面的专家不得少于成员总数的2/3。专家由招标人从招标代理机构的专家库或国家、省、直辖市人民政府提供的专家名册中随机抽取，特殊招标项目可由招标人直接确定。

28.【答案】A、B、C

【考点】设备监造的内容。

【解析】设备监造的内容：审查制造单位的质量保证体系，审查原材料的质量证明书和复验报告，现场见证制造加工工艺。

29.【答案】D、E

【考点】危险性较大的专项工程。

【解析】对于超过一定规模的危险性较大的专项工程。施工单位应组织专家对专项工程施工方案进行论证。实行施工总承包的，由施工总承包单位组织召开专家论证会。5.5m深的设备基础基坑开挖和桅杆吊装的缆风绳稳定系统专项施工方案需组织专家论证。

30.【答案】A、B、C

【考点】材料进场验收要求。

【解析】材料进场验收要求：进场复验的材料应有取样送检证明报告；验收工作应按质量验收规范和计量检测规定进行；验收内容应完整，验收要做好记录，办理验收手续。

三、案例分析题

（一）

1.【参考答案】风险防范对策还有：风险减轻、风险自留、风险转移，该施工单位将运输一切险交由供货商负责是转移风险的方法。

【考点解析】风险防范对策。

2.【参考答案】设备采购文件包括：设备采购技术文件和设备采购商务文件。

设备采购评审内容包括：技术评审、商务评审、综合评审。

【考点解析】设备采购文件的内容组成，设备采购评审。

3. 【参考答案】按照电气设备交接试验标准的规定，220kV 变压器的电气试验项目还有变压器变比测试、绝缘油的试验、变压器交流耐压试验。

【考点解析】220kV 变压器的电气试验项目。

4. 【参考答案】发电机转子穿装前的气密性试验应重点检查：集电环下导电螺钉、中心孔堵板的密封情况。发电机转子穿装常用方法还有：接轴的方法，用后轴承座作平衡重量的方法，用两台跑车的方法。

【考点解析】发电机转子穿装前气密性试验重点检查内容，发电机转子穿装常用方法。

（二）

1. 【参考答案】送达施工现场的不锈钢阀门应进行阀门壳体压力试验和密封试验。不锈钢阀门试验介质要求：试验介质为洁净水，水中的氯离子含量不得超过 25ppm。

【考点解析】施工现场的不锈钢阀门试验；不锈钢阀门试验介质的要求。

2. 【参考答案】施工单位在压力管道安装前未履行“书面告知”手续进行施工的，责令限期改正；逾期未改正的，处一万元以上十万元以下罚款。

【考点解析】压力管道安装前未履行书面告知的处罚。

3. 【参考答案】A 安装公司项目部应得到工期提前奖励，金额是 12 万元。因为本工程最初签订的合同工期是 214 天，由于 B 建筑公司的原因致使开工时间延迟，不是 A 安装公司的责任，可索赔工期 10 天，合同工期应调整为 224 天，实际工期是 218 天，工期提前 224－218＝6 天，可获得奖励 2×6＝12 万元。

【考点解析】因为合同工期是 214 天，由于 B 建筑公司的原因致使开工时间延迟，可索赔工期 10 天，合同工期应调整为 224 天，实际工期是 218 天，工期提前 224－218＝6 天，可获得奖励 2×6＝12 万元。

4. 【参考答案】该工程的保修期应从 10 月 4 日起算。工程保修的工作程序：发送保修书、检查修理、验收记录。

【考点解析】工程的保修期，工程保修的工作程序。

（三）

1. 【参考答案】按照原计划，塔吊应安排在第 91 天投入使用，可使其不闲置。

理由是：45＋75－30 ＝ 90 天，第 91 天投入使用。

【考点解析】塔吊的合理使用。

2. 【参考答案】调整方案可行，因为工作 E（或 B）的宽裕时间是 95 天，所以按先 G 工作后 E 工作，工作 E 推迟 90 天不会影响工期，也不会使塔吊闲置。

【考点解析】施工进度计划调整。

3. 【参考答案】塔吊专项施工方案在施工前应签字的人员有：施工单位技术负责人、项目总监理工程师；塔吊选用基本参数还有：额定起重量、最大幅度和最大起升高度。

【考点解析】塔吊专项施工方案签字人员；塔吊选用的基本参数。

4. 【参考答案】轴系对轮中心找正还包括：轴系初找、凝汽器灌水至运行重量后的复找、气缸扣盖前的复找、基础二次灌浆前的复找和基础二次灌浆后的复找。

【考点解析】汽轮机轴系对轮中心找正。

（四）

1.【参考答案】本工程空调系统设置类型主要考虑的因素还有：建筑物的使用特点、空调参数、热湿负荷变化情况、温湿调节和控制要求。

风机盘管与新风系统按空气处理设备的设置分是半集中式系统，按承担室内空调负荷的介质分是空气 - 水系统。

【考点解析】空调系统设置类型的考虑因素；空调系统的分类方式。

2.【参考答案】预作用消防系统一般适用于：建筑装饰要求高、不允许有水渍、灭火要求及时的建筑和场所。预作用之后的管道充气压力最大值不宜超过 0.03MPa。

【考点解析】预作用消防系统适用建筑场所；预作用阀之后的管道充气压力。

3.【参考答案】风口安装与装饰交叉施工的注意事项有：风口与装饰结合处的处理形式要正确、对装饰装修工程的成品保护要到位。

风管与排风机连接处的技术要求：风管与排风机连接处应设置柔性短管，长度为 150～300mm，并不宜作为找平找正的异径连接管。

【考点解析】风口安装与装饰交叉施工应注意事项；风管与排风机连接技术要求。

4.【参考答案】绿色施工评价指标按其重要性和难易程度分为：控制项、一般项、优选项三类。单位工程施工阶段的绿色施工评价是由监理单位负责组织。

【考点解析】绿色施工评价指标分类；单位工程施工阶段的绿色施工评价的组织。

5.【参考答案】离心水泵单体试运行的目的是考核单台设备的机械性能、检验设备制造和安装质量、设备性能能否符合规范和设计要求。

离心水泵单体试运行主要检测泵体在运行时密封的泄漏量、水泵轴承的温升和振动值。

【考点解析】离心水泵单体试运行目的；主要检测项目。

（五）

1.【参考答案】错误之处有：空气湿度大，未采取除湿措施，不宜进行喷砂除锈作业，经处理后的金属表面，宜在 4h 内进行防腐层作业。

【考点解析】喷砂除锈和底漆喷涂作业中，防腐层作业的最长时段。

2.【参考答案】A 类因素：大面积气泡、返锈；

B 类因素：局部脱皮；

C 类因素：挂流、漏涂、针孔。

【考点解析】排列图法的 A 类、B 类和 C 类因素划分。

3.【参考答案】项目部就底漆的质量问题后续处理应采用：

A 类问题返工处理（大面积气泡和返锈，进行返工处理）；

B 类问题返修处理（局部脱皮，做返修处理）；

C 类问题返修处理（流挂、漏涂和针孔，做返修处理）。

项目部制定的质量问题整改措施还应包括的内容：质量要求、整改时间、整改人员。

【考点解析】底漆质量缺陷后续处理，质量问题整改措施内容。

4.【参考答案】技术员的底板焊接交底中，不应采用大焊接线能量，应采用小的焊接线能量。不应先焊长焊缝、后焊短焊缝，应先焊短焊缝、后焊长焊缝。

【考点解析】底板焊接交底要求。

5. **【参考答案】**项目进度超前 $BCWP-BCWS=500$ 万元，超前 22 天。

项目费用节余 $BCWP-ACWP=300$ 万元。

【考点解析】根据赢得值分析法曲线图，分析项目进度和项目费用。

2016年度一级建造师执业资格考试
《机电工程管理与实务》真题

一、单项选择题（共20题，每题1分。每题的备选项中，只有1个最符合题意）

1. 下列非金属风管材料中，适用于酸碱性环境的是（　　）。
   A. 聚氨酯复合板材　　B. 酚醛复合板材
   C. 硬聚氯乙烯板材　　D. 玻璃纤维复合板材
2. 下列电工测量仪器仪表中，属于较量仪表的是（　　）。
   A. 兆欧表　　B. 机械示波器
   C. 钳形表　　D. 电位差计
3. 起重吊装中，安全系数是4.5的6×19钢丝绳宜做（　　）。
   A. 缆风绳　　B. 滑轮组跑绳
   C. 吊索　　D. 用于载人的绳索
4. 常用于设备安装标高控制的测量仪器是（　　）。
   A. 水准仪　　B. 经纬仪
   C. 全站仪　　D. 合像仪
5. 关于焊接工艺评定的说法，正确的是（　　）。
   A. 针对一种钢号母材评定为合格的焊接工艺评定不可用于同组别的其他钢号母材
   B. 一份焊接工艺评定报告只能作为一份焊接工艺卡的依据
   C. 国内新开发的钢种应由钢厂进行焊接工艺评定
   D. 改变焊后热处理类别须重新进行焊接工艺评定
6. 采用电化学保护方法进行防腐施工时，不属于阳极保护系统的是（　　）。
   A. 参比电极　　B. 牺牲阳极
   C. 点状阴极　　D. 电线电缆
7. 关于选用保冷材料的说法，正确的是（　　）。
   A. 导热系数乘以材料单价，值越大越经济
   B. 宜选用闭孔型材料
   C. 纤维状保冷材料密度越小，导热系数越小
   D. 保冷材料的吸湿率越高越好
8. 耐火喷涂料喷涂完毕后，应及时（　　）。
   A. 做防水处理　　B. 进行烘干
   C. 开设膨胀缝　　D. 敲击释放应力
9. 下列电梯安装工程文件中，应由电梯制造单位提供的是（　　）。

A. 电梯安装告知书　　B. 电梯安装许可证

C. 电梯安装方案　　D. 电梯维修说明书

10. 用于阻挡烟、火和冷却分隔物，不具备直接灭火能力的是（　　）。

A. 水幕系统　　B. 预作用系统

C. 干式系统　　D. 干湿式系统

11. 机电工程项目实施阶段的工作不包括（　　）。

A. 勘察　　B. 设计

C. 建设准备　　D. 环境影响评价

12. 机电工程项目服务采购包括（　　）。

A. 招标文件编制　　B. 机电设备调试

C. 机电设备运输　　D. 机电工程保修

13. 电子招标投标在截止投标时间前，可解密提取投标文件的是（　　）。

A. 招标投标管理部门　　B. 招标投标监督部门

C. 招标人　　D. 投标人

14. 下列文件中，属于施工承包合同文件的是（　　）。

A. 中标通知书　　B. 设计变更申请书

C. 监理下达的整改通知书　　D. 工程结算文件

15. 下列设备验收内容中，不属于外观检查的是（　　）。

A. 润滑油脂　　B. 非加工表面

C. 管缆布置　　D. 焊接结构件

16. 施工方案编制内容的核心是（　　）。

A. 施工进度计划　　B. 施工方法

C. 安全技术措施　　D. 质量管理措施

17. 关于机电工程无损检测人员的说法，正确的是（　　）。

A. 无损检测人员的资格证书有效期以上级公司规定为准

B. 无损检测Ⅰ级人员可评定检测结果

C. 无损检测Ⅱ级人员可审核检测报告

D. 无损检测Ⅲ级人员可根据标准编制无损检测工艺

18. 关于压力容器归类的说法，正确的是（　　）。

A. 低压管壳式余热锅炉属于Ⅰ类压力容器

B. 铁路油罐车属于Ⅰ类压力容器

C. 中压搪玻璃容器属于Ⅱ类压力容器

D. 容积 $80m^3$ 球形容器属于Ⅲ类压力容器

19. 工业安装分项工程质量验收时，验收成员不包括（　　）。

A. 建设单位专业技术负责人　　B. 设计单位驻现场代表

C. 施工单位专业技术质量负责人　　D. 监理工程师

20. 建筑安装分部工程施工完成后，由（　　）组织内部验评。

A. 专业质检员　　B. 专业技术负责人

C. 项目技术负责人　　D. 项目部副经理

二、多项选择题（共10题，每题2分。每题的备选项中，有2个或2个以上符合题意，至少有1个错项。错选，本题不得分；少选，所选的每个选项得0.5分）

21. 电机与减速机联轴器找正时，需测量的参数包括（　　）。

A. 径向间隙　　B. 两轴心径向位移

C. 端面间隙　　D. 两轴线倾斜

E. 联轴器外径

22. 工业管道工程交接验收前，建设单位应检查施工单位的技术文件，其中包括（　　）。

A. 材料代用单　　B. 安全阀校验报告

C. 管道元件检查记录　　D. 管道安装竣工图

E. 管道元件复检报告

23. 金属储罐中幅板搭接接头采用手工焊焊接时，控制焊接变形的主要工艺措施有（　　）。

A. 先焊短焊缝，后焊长焊缝　　B. 焊工均匀分布，同向分段焊接

C. 焊工均匀分布，对称施焊　　D. 初层焊道采用分段退焊法

E. 初层焊道采用跳焊法

24. 电站锅炉安装质量控制要点包括（　　）。

A. 安装前确认钢结构高强螺栓连接点安装方法

B. 锅炉受热面安装前编制专项施工方案并确认符合制造厂要求

C. 燃烧器就位再次检查内外部结构

D. 对炉膛进行气密性试验

E. 蒸气管路冲洗与清洗

25. 氧气管道上仪表取源部件的安装要求有（　　）。

A. 取源部件的焊接部件应在管道预制时安装

B. 应脱脂合格后安装取源部件

C. 不应在管道的焊缝上开孔安装

D. 在管道防腐完成后开孔安装

E. 取源部件与管道同时进行试压

26. 关于成套配电装置开箱检查注意事项的说法，正确的有（　　）。

A. 柜内电器、元件和绝缘瓷瓶无损伤和裂纹

B. 备件的供应范围和数量应符合合同要求

C. 柜内的接地线应符合有关技术要求

D. 柜内的关键部件应有产品制造许可证的复印件

E. 柜内的电器和元件均应有合格证的复印件

27. 建筑管道工程中，关于虹吸式雨水管道安装要求的说法，正确的有（　　）。

A. 雨水管道穿过楼板时应设置金属或塑料套管

B. 雨水立管设置检查口的中心宜距地面 1m

C. 连接管与悬吊管的连接宜采用正三通

D. 立管与排出管的连接应采用 2 个 45° 弯头

E. 雨水斗安装应在屋面防水施工前进行

28. 关于电缆排管敷设要求的说法，正确的有（　　）。

A. 排管孔径应不小于电力电缆外径的 1.5 倍

B. 埋入地下的电力排管至地面距离应不小于 0.4m

C. 交流三芯电力电缆不得单独穿入钢管内

D. 敷设电力电缆的排管孔径应不小于 100mm

E. 电力排管通向电缆井时应有不小于 0.1% 坡度

29. 通风与空调系统的节能性能检测项目有（　　）。

A. 室内温度　　　　B. 室内湿度

C. 风口风量　　　　D. 冷热水总流量

E. 冷却水总流量

30. 敷设光缆的技术要求包括（　　）。

A. 光缆的牵引力应加在所有的光纤芯上

B. 光缆的牵引力不应小于 150kg

C. 光缆的牵引速度宜为 10m/min

D. 光纤接头的预留长度不应小于 8m

E. 敷设中光缆弯曲半径应大于光缆外径的 20 倍

三、案例分析题（共 5 题，（一）、（二）、（三）题各 20 分，（四）、（五）题各 30 分）

（一）

背景资料

某制氧站经过招标投标，由具有安装资质的公司承担全部机电安装工程和主要机械设备的采购。安装公司进场后，按合同工期、工作内容、设备交货时间、逻辑关系及工作持续时间（见表 1）编制了施工进度计划。

制氧站安装公司工作内容、逻辑关系及持续时间表　　表 1

工作内容	紧前工作	持续时间（天）
施工准备	—	10
设备订货	—	60
基础验收	施工准备	20
电气安装	施工准备	30
机械设备及管道安装	设备订货、基础验收	70
控制设备安装	设备订货、基础验收	20
调试	电气安装、机械设备及管道安装、控制设备安装	20
配套设施安装	控制设备安装	10
试运行	调试、配套设施安装	10

在计划实施过程中，电气安装滞后 10 天，调试滞后 3 天。

设备订货前，安装公司认真对供货商进行了考查，并在技术、商务评审的基础上对供货商进行了综合评审，最终选择了各方均满意的供货商。

由于安装公司进场后，未向当地（市级）特种设备安全监督部门书面告知，致使安装工作受阻，经补办相关手续后，工程得以顺利进行。

在制氧机法兰和管道法兰连接时，施工班组未对法兰的偏差进行检验，即进行法兰连接，遭到项目工程师的制止。

问题

1. 根据表 1 计算总工期需多少天？电气安装滞后及调试滞后是否影响总工期？并分别说明理由。

2. 设备采购前的综合评审除考虑供货商的技术和商务外，还应从哪些方面进行综合评价？

3. 安装公司开工前应向当地（市级）安全监督部门提交哪些书面告知材料？

4. 制氧机法兰与管道法兰的偏差应在何种状态下进行检验？检验的内容有哪些？

（二）

背景资料

安装公司承接某商务楼的机电安装工程，工程主要内容是通风与空调、建筑给水排水、建筑电气和消防等工程。

安装公司项目部进场后，依据合同和设计要求，编制了施工组织设计，内容有：各专业工程主要工作量、施工进度总计划、项目成本控制措施和项目信息管理措施等。项目部编制施工组织设计并报安装公司审批，安装公司以施工组织设计中的项目成本控制措施不够完善为由，要求项目部修改后重新报送。施工组织设计修改后得到安装公司批准。

通风空调风管采用工厂化预制，在风管批量制作前，项目部检验了风管的制作工艺，对风管进行了严密性试验；风管系统安装完成后，项目部对主、干风管分段进行了漏光试验。项目部报监理验收时，监理认为项目部对风管的试验与检测项目不全，要求项目部完善试验与检测项目。

通风空调的风管和配件安装后，监理工程师在检查中，发现风管及配件安装（如图 2 所示）

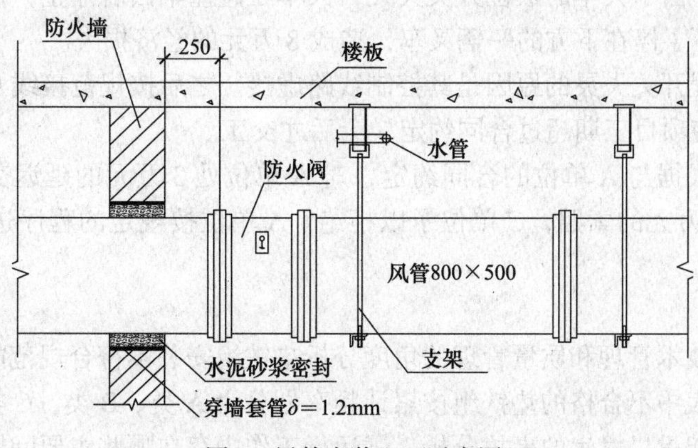

图 2　风管安装立面示意图

不符合规范要求，要求项目部整改。

通风空调工程安装、试验调整合格，在试运行验收中部分房间的风机盘管有滴水现象，经检查是冷凝水管道的坡度不够，造成风机盘管的冷凝水溢出。经返工，通风空调工程试运行验收合格。

问题

1. 在施工组织设计中，项目成本控制主要包括哪些措施？

2. 项目部在风管批量制作前及风管安装完成后还应进行哪些试验与检测？

3. 指出图 2 中的风管及配件安装不符合规范要求之处，写出正确的规范要求。

4. 在试运行验收中，需返工的是哪个分项工程？写出其合格的技术要求。

（三）

背景资料

A 单位中标某厂新建机修车间的机电工程。除两台 20t 桥式起重机安装工作分包给具有专业资质的 B 单位外，余下的工作均自行完成。B 单位将起重机安装工作分包给 C 劳务单位。

在机器设备就位后，A 单位的专业质检员发现设备安装的垫铁组共有 20 组不合格，统计表如表 3 所示：

表 3

序　号	不合格原因	不合格数量（组）	频率（%）
1	垫铁组超厚	10	50
2	垫铁组距超标	7	35
3	垫铁组超薄	2	10
4	垫铁翘曲	1	5

A 单位项目部分析了垫铁组超标成因并进行了整改，达到规范要求。

B 单位检查了桥式起重机安装有关的安装精度和隐蔽工程记录等资料；编写了桥式起重机试车方案，经获批准后，由 C 单位组织进行桥式起重机满负荷重载行走试验。桥式起重机在试验中，由于大车的限位开关失灵，大车在碰撞车挡后停止，剧烈的甩动造成试验配重脱落，砸坏了停在下方的一辆叉车，造成 8 万元的经济损失。

经查，行程开关失灵的原因是其控制线路虚接。之后按规范接线及测试，达到合格要求。该事故致使项目工期超过合同约定 3 天后才交工。

建设单位根据与 A 单位的合同约定，对 A 单位处 3 万元的延迟交工罚款。A 单位向 C 单位要求 11 万元的索赔，C 单位予以拒绝。A 单位按规定的程序进行了索赔，并获得了经济补偿。

问题

1. 从施工技术管理和质量管理的角度分析垫铁组安装不符合规范的主要原因。

2. 将统计表中不合格的垫铁组按累计频率划分为 A 类、B 类、C 类。

3. 从桥式起重机发生的事故分析，试运行工作中存在哪些主要问题？

4. A 单位向 C 单位索赔 11 万元是否合理？说明原因。A 单位应如何索赔？

（四）

背景资料

A 公司承包一个 10MW 光伏发电、变电和输电工程项目。该项目工期 150 天，位于北方某草原，光伏板金属支架采用工厂制作、现场安装，每个光伏发电回路（660VDC、5kW）用二芯电缆接至直流汇流箱，由逆变器转换成 0.4kV 三相交流电，通过变电站升至 35kV，用架空线路与电网连接。

A 公司项目部进场后，依据合同、设计要求和工程特点编制了施工进度计划、施工方案、安全技术措施和绿色施工要点。在 10MW 光伏发电工程施工进度计划（见表 4）审批时，A 公司总工程师指出项目部编制的进度计划中某两个施工内容的工作时间安排不合理，不符合安全技术措施要求，容易造成触电事故，施工内容调整后审批通过。项目部在作业前进行了施工交底，重点是防止触电的安全技术措施和草原绿色施工（环境保护）要点。

A 公司因施工资源等因素的制约，将 35kV 变电站和 35kV 架空线路分包给 B 公司和 C 公司，并要求 B 公司和 C 公司依据 10MW 光伏发电工程的施工进度编制进度计划，与光伏发电工程同步施工，配合 10MW 光伏发电工程的系统送电验收。

依据 A 公司项目部的进度要求，B 公司按计划完成 35kV 变电站的安装调试工作。C 公司在 9 月 10 日前完成了导线的架设连接（见图 4 架空线路），在开始 35kV 架空导线测量、试验时，被 A 公司项目部要求暂停整改，导线架设连接返工后检查符合规范要求。

光伏发电工程、35kV 变电站和 35kV 架空线路在 9 月 30 日前系统送电验收合格，按合同要求将工程及竣工资料移交给建设单位。

10MW 光伏发电工程施工进度计划 表 4

施工内容	6月			7月			8月			9月		
	1	11	21	1	11	21	1	11	21	1	11	21
支架基础、接地施工	——	——	——	——								
支架及光伏板安装			——	——	——							
电缆敷设				——	——	——						
光伏板电缆接线						——	——					
汇流箱安装、电缆接线								——	——			
逆变器安装、电缆接线									——	——		
系统试验调整											——	
系统送电验收												——

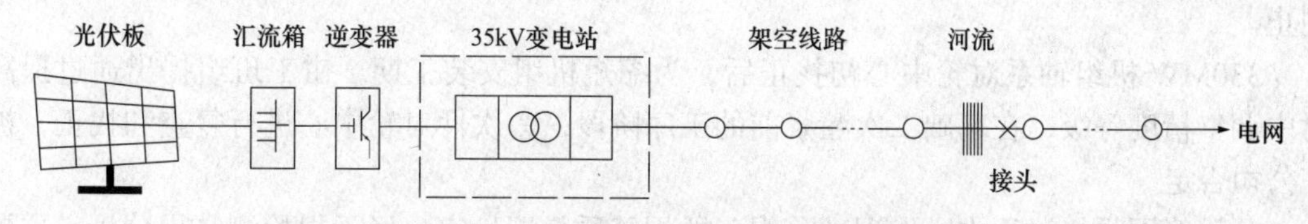

图 4 光伏发电、变电和输电工程示意图

问题

1. 项目部依据进度计划安排施工时可能受到哪些因素的制约？工程分包的施工进度协调管理有哪些作用？

2. 项目部应如何调整施工进度计划（表 4）中施工内容的工作时间？为什么说该施工安排容易造成触电事故？

3. 说明架空导线（图 4）在测试时被叫停的原因。写出导线连接的合格要求。

4. C 公司在 9 月 20 日前应完成 35kV 架空线路的哪些测试内容？

5. 写出本工程绿色施工中的土壤保护要点。

（五）

背景资料

某城市基础设施升级改造项目为市郊的热电站二期 2×330MW 凝汽式汽轮机组向城区集中供热及配套管网，工艺流程如图 5 所示。业主通过招标与 A 公司签订施工总承包合同，工期 12 个月。

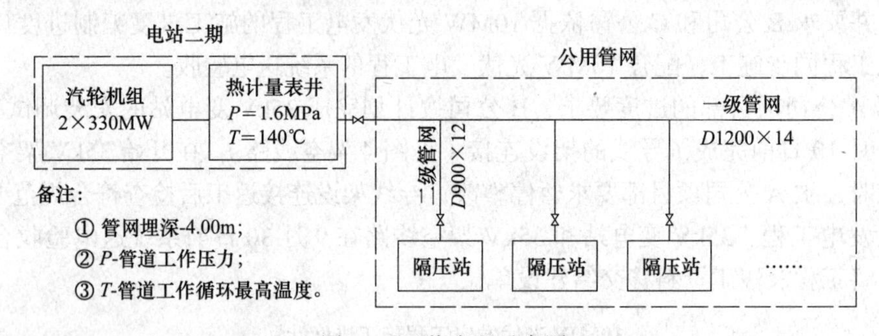

图 5　工艺流程示意图

公用管网敷设采用闭式双管制，以电站热计量表井为界，一级高温水供热管网 16km，二级供热管网 9km，沿线新建 6 座隔压换热站，隔压站出口与原城市一级管网连接。

针对公用管网施工，A 公司以质量和安全为重点进行控制策划，制定危险性较大的分部分项工程清单及安全技术措施，确定主要方案的施工技术方法包括：管道预制、保温及外护管工厂化生产；现场施焊采取氩弧焊打底，自动焊填充，手工焊盖面；直埋保温管道无补偿电预热安装；管网穿越干渠暗挖施工，穿越河流架空施工，穿越干道顶管施工；管道清洗采用密闭循环水力冲洗方式等。其中，施工装备全位置自动焊机和大容量电加热装置是 A 公司与厂家联合研发的新设备。

项目实施过程中，发生了下列情况：

现场用电申请已办理，但地处较偏僻的管道分段电预热超市政电网负荷，为不影响工程进度，A 公司自行决定租用大功率柴油发电机组，解决电网负荷不足问题，被供电部门制止。

330MW 机组轴系对轮中心初找正后，为缩短机组安装工期，钳工班组提出通过提高对中调整精度等级，在基础二次灌浆前的工序阶段，一次性对轮中心进行复查和找正，被 A 公司否定。

公用管网焊接过程中，发现部分焊工的焊缝质量不稳定，经无损检测结果分析，主要缺陷是气孔数量超标。A 公司排除焊工操作和焊接设备影响因素后，及时采取针对性的质量预控措施。

问题

1. 针对公用管网施工，A 公司应编制哪些需要组织专家论证的安全专项方案？

2. 公用管网工程采用了建筑十项新技术中哪些子项新技术？

3. 供电部门为何制止 A 公司自行解决用电问题？指出 A 公司使用自备电源的正确做法。

4. 针对 330MW 机组轴系调整，钳工班组还应在哪些工序阶段多次对轮中心进行复查和找正？

5. 针对气孔数量超标缺陷，A 公司在管道焊接过程中应采取哪些质量预控措施？

2016年度真题参考答案及考点解析

一、单项选择题

1.【答案】C

【考点】非金属风管材料的适用环境。

【解析】酚醛复合风管适用于低、中压空调系统及潮湿环境，但对高压及洁净空调、酸碱性环境和防排烟系统不适用；聚氨酯复合风管适用于低、中、高压洁净空调系统及潮湿环境，但对酸碱性环境和防排烟系统不适用；玻璃纤维复合风管适用于中压以下的空调系统，但对洁净空调、酸碱性环境和防排烟系统以及相对湿度90%以上的系统不适用；硬聚氯乙烯风管适用于洁净室含酸碱的排风系统。

2.【答案】D

【考点】较量仪表。

【解析】在电工测量过程中，需要度量器直接参与工作才能确定被测量数值的仪表称为较量仪表，如电桥、电位差计等。

3.【答案】A

【考点】钢丝绳的安全系数。

【解析】钢丝绳做缆风绳的安全系数不小于3.5，做滑轮组跑绳的安全系数一般不小于5，做吊索的安全系数一般不小于8，如果用于载人，则安全系数不小于12～14。

4.【答案】A

【考点】安装标高测量仪器。

【解析】常用于设备安装标高控制的测量仪器是水准仪。

5.【答案】D

【考点】焊接工艺评定要求。

【解析】焊接工艺评定要求：

（1）改变焊接方法必须重新评定；当变更焊接方法的任何一个工艺评定的重要因素时，须重新评定；当增加或变更焊接方法的任何一个工艺评定的补加因素时，按增加或变更的补加因素增焊冲击试件进行试验。

（2）任一钢号母材评定合格的，可以用于同组别号的其他钢号母材；同类别号中，高组别号母材评定合格的，也适用于该组别号与低组别号的母材组成的焊接接头。

（3）改变焊后热处理类别，须重新进行焊接工艺评定。

（4）首次使用的国外钢材，必须进行工艺评定。

（5）常用焊接方法中焊接材料、保护气体、线能量等条件改变时，需重新进行工艺评定。

6.【答案】B

【考点】阳极保护。

【解析】采用电化学保护方法进行防腐施工时，阳极保护系统的有：参比电极、点状阴极、电线电缆。

7. 【答案】B

【考点】保冷材料性能。

【解析】在物理、化学性能满足工艺要求的前提下，应先选用经济的保冷材料或制品，材料或制品宜为闭孔型，吸水及吸湿率低，耐低温性能好，并具有阻燃性，氧指数应不小于30%。

8. 【答案】C

【考点】耐火喷涂料施工要求。

【解析】耐火喷涂料喷涂完毕后，应及时开设膨胀缝。

9. 【答案】D

【考点】电梯制造单位提供的工程文件内容。

【解析】电梯安装工程文件中，应由电梯制造单位提供电梯维修说明书。

10. 【答案】A

【考点】水幕系统。

【解析】水幕系统用于阻挡烟、火和冷却分隔物，不具备直接灭火能力。

11. 【答案】D

【考点】项目实施阶段的工作内容。

【解析】机电工程项目实施阶段的工作包括：勘察、设计、建设准备。

12. 【答案】A

【考点】服务采购内容。

【解析】招标文件编制属于机电工程项目服务采购内容。

13. 【答案】D

【考点】电子招标投标规则。

【解析】电子招标投标在截止投标时间前，可解密提取投标文件的是投标人。

14. 【答案】A

【考点】施工承包合同文件。

【解析】中标通知书属于施工承包合同文件。

15. 【答案】A

【考点】设备外观检查的内容。

【解析】设备验收内容中，外观检查的内容：非加工表面、焊接结构件、管缆布置等。

16. 【答案】B

【考点】施工方案编制的核心内容。

【解析】施工方案编制内容的核心是施工方法。

17. 【答案】D

【考点】无损检测人员的要求。

【解析】无损检测人员的要求：

Ⅰ级人员可进行无损检测操作，记录检测数据，整理检测资料。

Ⅱ级人员可编制一般的无损检测程序，并按检测工艺独立进行检测操作，评定检测结果，签发检测报告。

Ⅲ级人员可根据标准编制无损检测工艺，审核或签发检测报告，解释检测结果，仲裁Ⅱ级人员对检测结论的技术争议。

持证人员只能从事与其资格证级别、方法相对应的无损检测工作。

18. **【答案】**D

【考点】压力容器类别划分。

【解析】按压力容器类别划分：

（1）Ⅰ类压力容器：低压容器。

（2）Ⅱ类压力容器：

1）中压容器；

2）低压容器：极度和高度毒性介质的低压容器；易燃或中度毒性介质的低压反应容器和低压储存容器；低压管壳式余热锅炉；低压搪玻璃容器。

（3）Ⅲ类压力容器：

1）高压容器。

2）超高压容器。

3）中压容器：极度和高度毒性介质的中压容器；易燃或中度毒性介质且$p \cdot V \geqslant 10\mathrm{MPa} \cdot \mathrm{m}^3$的中压储存容器；易燃或中度毒性介质且$p \cdot V \geqslant 0.5\mathrm{MPa} \cdot \mathrm{m}^3$的中压反应容器；中压管壳式余热锅炉；中压搪玻璃容器。

4）低压容器：极度和高度毒性介质且$p \cdot V \geqslant 0.2\mathrm{MPa} \cdot \mathrm{m}^3$的低压容器。

5）使用强度级别较高材料制造的压力容器（抗拉强度下限$\sigma_b \geqslant 540\mathrm{MPa}$）。

6）移动式压力容器（包括铁路罐车、汽车罐车和罐式集装箱）。

7）球形容器（容积$V \geqslant 50\mathrm{m}^3$）；

8）低温液体储存容器（容积$V \geqslant 5\mathrm{m}^3$）。

19. **【答案】**B

【考点】工业安装分项工程质量验收成员。

【解析】工业安装分项工程质量验收时，验收成员包括：建设单位专业技术负责人、施工单位专业技术质量负责人、监理工程师。

20. **【答案】**C

【考点】建筑安装分部工程内部验评要求。

【解析】建筑安装分部工程施工完成后，由项目技术负责人组织内部验评。

二、多项选择题

21. **【答案】**B、C、D

【考点】联轴器找正时达到测量参数。

【解析】电机与减速机联轴器找正时，需测量的参数包括：两轴心径向位移、端面间隙、两轴线倾斜。

22. **【答案】**A、D、E

【考点】工业管道工程交接验收前，建设单位应检查施工单位的技术文件内容。

【解析】工业管道工程交接验收前，建设单位应检查施工单位的技术文件包括：材料代用单、管道安装竣工图、管道元件复检报告。

23.【答案】A、D、E

【考点】手工焊焊接时，控制焊接变形的主要工艺措施。

【解析】金属储罐中幅板搭接接头采用手工焊焊接时，控制焊接变形的主要工艺措施有先焊短焊缝，后焊长焊缝；初层焊道采用分段退焊法；初层焊道采用跳焊法。

24.【答案】A、B、C、D

【考点】电站锅炉安装质量控制要点。

【解析】电站锅炉安装质量控制要点：安装前确认钢结构高强度螺栓连接点安装方法，锅炉受热面安装前编制专项施工方案并确认符合制造厂要求，燃烧器就位再次检查内外部结构，对炉膛进行气密性试验。

25.【答案】A、B、C、E

【考点】氧气管道上仪表取源部件的安装要求。

【解析】氧气管道上仪表取源部件的安装要求：取源部件的焊接部件应在管道预制时安装，应脱脂合格后安装取源部件，不应在管道的焊缝上开孔安装，取源部件与管道同时进行试压。

26.【答案】A、B、C、D

【考点】成套配电装置开箱检查注意的事项。

【解析】成套配电装置开箱检查注意的事项：柜内电器、元件和绝缘瓷瓶无损伤和裂纹，备件的供应范围和数量应符合合同要求，柜内的接地线应符合有关技术要求，柜内的关键部件应有产品制造许可证的复印件。

27.【答案】A、B、D

【考点】虹吸式雨水管道安装要求。

【解析】建筑管道工程中，虹吸式雨水管道安装要求：雨水管道穿过楼板时应设置金属或塑料套管，雨水立管设置检查口的中心宜距地面 1m，立管与排出管的连接应采用 2 个 45° 弯头。

28.【答案】A、D、E

【考点】电缆排管敷设要求。

【解析】电缆排管敷设要求：排管孔径应不小于电力电缆外径的 1.5 倍，敷设电力电缆的排管孔径应不小于 100mm，电力排管通向电缆井时应有不小于 0.1% 坡度，埋入地下的电力排管至地面距离应不小于 0.5m，交流单芯电力电缆不得单独穿入钢管内。

29.【答案】A、C、D、E

【考点】通风与空调系统的节能性能检测项目。

【解析】通风与空调系统的节能性能检测项目：室内温度，风口风量，冷热水总流量，冷却水总流量。

30.【答案】C、D、E

【考点】光缆敷设要求。

【解析】敷设光缆时，其最小弯曲半径应大于光缆外经的 20 倍。光缆的牵引端头应做好技术处理，可采用自动控制牵引力的牵引机进行牵引。牵引力应加在加强芯上，其牵引力不应超过 150kg，牵引速度宜为 10m/min，一次牵引的直线长度不宜超过 1km，光纤接头的预留长度不应小于 8m。

三、案例分析题

（一）

1.【参考答案】总工期：60＋70＋20＋10＝160 天。

电气安装滞后对总工期无影响，因为电气安装滞后仍不属于关键工作（或不在关键线路上）；调试滞后总工期将延误 3 天，因为调试属于关键工作（或在关键线路上）。

【考点解析】根据表 1 找出关键工作，计算总工期。判断电气安装滞后及调试滞后是否在关键线路上，在关键线路上，影响总工期，否则不影响。

2.【参考答案】设备采购前的综合评审除考虑供货商的技术和商务外，还应从质量、进度、交货期、费用、执行合同的信誉、交通运输条件等方面考虑。

【考点解析】设备采购前综合评审时，应考虑供货商的技术、商务、质量、进度、交货期、费用、执行合同的信誉等。

3.【参考答案】安装公司开工前应向当地（市级）安全监督部门提交的书面告知材料包括：告知书，单位及人员资格证书，施工组织与技术方案，工程合同，安装的监督检验约请书。

【考点解析】安装公司开工前应向当地（市级）安全监督部门提交书面告知材料。

4.【参考答案】制氧机法兰和管道法兰的偏差应在两个法兰自由状态下检验。检验的内容有：法兰的平行度和同轴度。

【考点解析】制氧机法兰与管道法兰的偏差的检验状态、检验的内容。

（二）

1.【参考答案】在施工组织设计中，项目成本控制措施主要包括：建立成本管理责任体系、成本指标高低的分析与评价、施工成本控制措施等。

【考点解析】在施工组织设计中的项目成本控制措施。

2.【参考答案】项目部在风管批量制作前，还应进行风管强度试验；风管安装完成后，还应进行漏风量检测。

【考点解析】主要考查风管批量制作前及风管安装完成后应进行的试验与检测。

3.【参考答案】风管穿墙套管厚度为 1.2mm 不符合规范要求，正确的是厚度应不小于 1.6mm 的钢板；

防火阀距防火墙表面距离为 250mm 不符合规范要求，正确的是应不大于 200mm；

风管支架设置不符合规范要求，正确的是防火阀长边大于 630mm，宜设置独立支吊架；

风管与套管之间水泥砂浆密封不符合规范要求，应采用不燃的柔性材料封堵。

【考点解析】根据图 2 中风管及配件的安装不符合规范要求，写出正确的规范要求。

4.【参考答案】在试运行验收中，需返工的分项工程是冷凝水管道，其合格技术要求：干管坡度不宜小于 0.8%，支管坡度不宜小于 1%。

【考点解析】在试运行验收中，经检查是冷凝水管道的坡度不够，造成风机盘管的冷凝水溢出。需返工的是冷凝水管道分项工程。合格的技术要求是符合规范。

（三）

1.【参考答案】从施工技术管理和质量管理的角度分析，垫铁组不符合规范要求的主要原因是：工序间交接不严，对设备基础检验不到位；技术交底不符合要求，施工人员未按技术交底要求施工，材料检查验收失误。

【考点解析】从施工技术管理和质量管理的角度分析垫铁组安装不符合规范的主要原因。

2.【参考答案】将统计表中不合格的垫铁组按累计频率划分：

A 类为①、②（垫铁组超厚、垫铁组距超标）；

B 类为③（垫铁组超薄）；

C 类为④（垫铁翘曲）。

【考点解析】将统计表中不合格的垫铁组按累计频率划分为 A 类、B 类、C 类。

3.【参考答案】从起重机试运行时发生事故来看，试运行工作主要存在以下问题：

（1）桥式起重机试运行前未对相关的电气元件进行检查；

（2）未将与试运行无关可移动的设备移出警戒区；

（3）未进行空载试运行。

【考点解析】从桥式起重机发生的事故分析试运行工作中存在的主要问题。

4.【参考答案】A 单位向 C 单位索赔不合理，因为 A 单位与 C 单位无合同关系，A 单位应向 B 单位索赔 11 万元的损失。B 单位根据合同，再向 C 单位索赔追索其应承担的赔偿额。

【考点解析】索赔的首要条件要有合同关系。

（四）

1.【参考答案】项目部依据进度计划安排施工时可能受到光伏发电工程的实体现状、安装工艺规律、设备材料进场时机、施工机具和作业人员的配备等因素的制约，工程分包的施工进度协调管理能把制约作用转化成有序的施工条件，使各个工程的施工进度计划安排衔接合理，符合总进度计划要求。

【考点解析】分析项目部依据进度计划安排施工时可能受到工程的实体现状、安装工艺规律、设备材料进场时机、施工机具和作业人员的配备等因素的制约。分析工程分包的施工进度协调管理作用。

2.【参考答案】10MW 光伏发电工程施工进度计划调整：应先安装汇流箱及电缆接线工作（7 月 21 日～8 月 10 日），后安装光伏板电缆接线工作（8 月 11 日～8 月 31 日）；因为光伏板为电源侧，连接后电缆为带电状态（660VDC），在后续的电缆施工和接线中容易造成触电事故。

【考点解析】进度计划中，先安装光伏板电缆接线工作（7 月 21 日～8 月 10 日），后安装汇流箱及电缆接线工作（8 月 11 日～8 月 31 日）；因为光伏板为电源侧，连接后电缆为带电状态（660VDC），在后续的电缆施工和接线中容易造成触电事故。不符合安全技术措施要求，容易造成触电事故。

3.【参考答案】架空导线在准备测试时被叫停的原因是在跨越河流处的架空导线有接

头。架空导线返工的合格要求是：架空导线连接应在耐张杆上跳线连接，导线连接处的机械强度不低于导线自身强度的90%，导线连接处的导线不超过同长度导线电阻的1.2倍。

【考点解析】图4中，架空导线在跨越河流处有接头，所以在测试时被叫停。导线连接的合格要求。

4. **【参考答案】**C公司在9月20日前应完成35kV架空线路的测试内容有：线路绝缘电阻测量，导线接头测试，线路的工频参数测量，线路两侧相位测量，冲击合闸试验。

【考点解析】因9月21日系统开始送电，所以C公司在9月20日前应完成35kV架空线路的测试。

5. **【参考答案】**本工程绿色施工中的土壤保护要点：因施工造成的裸土应及时覆盖，对草原地面的污染应及时清理，竣工后应恢复施工活动破坏的草原植被。

【考点解析】绿色施工中的土壤保护要点。

（五）

1. **【参考答案】**针对公用管网施工，A公司应编制暗挖施工、顶管施工、管道自动焊接和无补偿电预热管道安装的安全专项方案，并组织专家论证

【考点解析】从背景资料中分析，需要组织专家论证的安全专项方案。

2. **【参考答案】**公用管网工程采用了建筑十项新技术中的子项新技术有：管道工厂化预制技术、非开挖埋管技术、大管道闭式循环冲洗技术。

【考点解析】从背景中分析公用管网工程采用了建筑十项新技术。

3. **【参考答案】**供电部门制止理由：变更用电未按规定办理手续。A公司正确做法：应办理告知手续，征得供电部门同意，采取安全技术措施防止误入市政电网。

【考点解析】根据《电力法》的规定来分析，变更用电和自备电源的规定。

4. **【参考答案】**针对330MW机组轴系调整，钳工班组还应在：凝汽器灌水至运行重量后、汽缸扣盖前、基础二次灌浆后、轴系联结时等不同工序阶段多次对轮中心进行复找。

【考点解析】330MW机组轴系调整工序阶段的多次对轮中心进行复查和找正。

5. **【参考答案】**针对气孔数量超标缺陷，A公司在管道焊接过程中应采取的质量预控措施有：焊材烘干，配备保温桶，采取防风措施，控制氩气纯度，焊前预热。

【考点解析】管道焊接过程中的质量预控措施。

第二部分

模拟试题及解析

2021年度一级建造师执业资格考试
《机电工程管理与实务》模拟试题（一）

一、单项选择题（共20题，每题1分。每题的备选项中，只有1个最符合题意）

1. 在高层建筑中不能用于电气井垂直安装的母线槽是（　　）。
   A. 空气型母线槽　　B. 耐火型母线槽
   C. 紧密型母线槽　　D. 加强型母线槽
2. 核电站中，承担热核反应的主要设备是（　　）。
   A. 压水堆设备　　B. 核岛设备
   C. 常规岛设备　　D. 重水堆设备
3. 控制设备安装标高的常用测量仪器是（　　）。
   A. 光学水准仪　　B. 激光准直仪
   C. 全站仪　　D. 光学经纬仪
4. 关于起重钢丝绳安全系数的说法，正确的是（　　）。
   A. 作拖拉绳时应大于等于3.5　　B. 作卷扬机走绳时应大于等于4
   C. 作系挂绳扣时应大于等于5　　D. 作捆绑绳扣时应大于等于6
5. 钢制球罐用的焊条应按（　　）进行扩散氢复验。
   A. 制造时间　　B. 出厂时间
   C. 产品批号　　D. 规定期限
6. 机械设备安装的一般程序中，设备吊装就位的紧后工序是（　　）。
   A. 垫铁设置　　B. 精度调整
   C. 设备固定　　D. 二次灌浆
7. 1kV以下的电缆敷设前，应做的试验是（　　）。
   A. 交流耐压试验　　B. 绝缘电阻测试
   C. 直流泄漏试验　　D. 直流耐压试验
8. 关于钢管道液压试验的实施要点，正确的是（　　）。
   A. 液压试验应使用洁净水　　B. 试验时环境温度不宜低于0℃
   C. 注入液体时应排尽空气　　D. 试验压力应为设计压力的1.5倍
9. 下列汽轮机中，按工作原理划分的是（　　）。
   A. 冲动式汽轮机　　B. 凝汽式汽轮机
   C. 背压式汽轮机　　D. 抽气式汽轮机
10. 在自动化仪表中，不属于现场仪表的是（　　）。
   A. 温度检测仪表　　B. 压力检测仪表

C. 物位检测仪表　　　　D. 功率测量仪表

11. 海洋环境中，管道的牺牲阳极保护采用的阳极材料是（　　）。

A. 镁合金阳极　　　　B. 锌合金阳极

C. 铝合金阳极　　　　D. 氧化物阳极

12. 把聚氨酯绝热材料敷设于管道表面的捆扎材料宜采用（　　）。

A. 镀锌铁丝　　　　B. 感压丝带

C. 不锈钢丝　　　　D. 包装钢带

13. 安装单位在履行电梯安装告知后、开始施工前应向规定的检验机构申请（　　）。

A. 监督检验　　　　B. 开箱检查

C. 现场勘测　　　　D. 方案审查

14. 下列灭火系统中，适用于养老院场所的灭火系统是（　　）。

A. 喷水灭火系统　　　　B. 气体灭火系统

C. 干粉灭火系统　　　　D. 泡沫灭火系统

15. 施工中对不合格的检验项目应通过（　　），及时发现和处理达到合格要求。

A. 分部工程的检查　　　　B. 分项工程质量检查

C. 检验批质量控制　　　　D. 工序质量过程控制

16. 工程量清单中的规费项目清单不包括（　　）。

A. 工程排污费　　　　B. 人材机价差

C. 社会保险费　　　　D. 住房公积金

17. 计量器具质量和水平的主要指标不包括（　　）。

A. 灵敏度　　　　B. 鉴别率

C. 超然性　　　　D. 溯源性

18. 下列内容中，属于用户用电申请内容的是（　　）。

A. 用电地点　　　　B. 用电设备清单

C. 用电规划　　　　D. 供电条件勘察

19. 较大规模的单位工程将其中一个部分定为子单位工程，是因为其能形成独立（　　）。

A. 使用功能　　　　B. 施工安装

C. 检验评定　　　　D. 竣工验收

20. 下列工程中，必须与主体工程同步验收的项目是（　　）。

A. 通风工程　　　　B. 照明工程

C. 排水工程　　　　D. 消防工程

二、多项选择题（共10题，每题2分。每题的备选项中，有2个或2个以上符合题意，至少有1个错项。错选，本题不得分；少选，所选的每个选项得0.5分）

21. 在吊装作业中，平衡梁的作用有（　　）。

A. 保持被吊设备的平衡　　　　B. 避免吊索损坏设备

C. 合理分配各吊点的荷载　　　　D. 平衡各吊点的荷载

E. 减少起重机承受的载荷

22. 在导管敷设检查项目中，属于主控项目的检查要求有（　　）。

A. 钢导管不得采用对口熔焊连接

B. 镀锌钢导管不得采用套管熔焊连接

C. 承力建筑钢结构上不得熔焊导管支架

D. 导管金属吊架圆钢直径不得小于 8mm

E. 埋地敷设的钢导管壁厚应大于 2mm

23. 下列排水管道安装检查项目，属于主控项目的有（　　）。

A. 生活污水管道检查口设置　　B. 排水管道的灌水试验

C. 塑料排水管道的防火套管　　D. 生活污水管道的坡度

E. 水平排水管道的支架间距

24. 关于柔性短管要求的说法，正确的有（　　）。

A. 柔性短管必须为不燃材料　　B. 采用防潮及透气的柔性材料

C. 柔性短管长度宜为 150 ～ 250mm　　D. 柔性短管可以做成异径连接管

E. 柔性短管与法兰宜采用压板铆接连接

25. 下列设备中，属于安全防范系统的入侵报警探测器有（　　）。

A. 感烟探测器　　B. 红外线探测器

C. 微波探测器　　D. 超声波探测器

E. 感温探测器

26. 下列施工进度控制措施，属于合同措施的有（　　）。

A. 订立专款专用条款　　B. 建立目标控制体系

C. 加强工程索赔管理　　D. 编制资金需求计划

E. 控制工程设计变更

27. 离心式给水泵在试运转后，正确的做法有（　　）。

A. 关闭泵的入口阀门　　B. 关闭附属系统阀门

C. 用清水冲洗离心泵　　D. 放净泵内积存液体

E. 整理试运转的记录

28. 绿色施工的要点包括（　　）。

A. 绿色施工管理　　B. 环境保护

C. 节材与材料资源利用　　D. 节地与施工用地保护

E. 文明施工

29. 风险管理组在风险管理策划中主要负责的工作有（　　）。

A. 识别　　B. 事故上报

C. 安全检查　　D. 制定应急救援

E. 制订安全计划

30. 主控项目检验内容中要用数据说明的包括（　　）。

A. 结构稳定性　　B. 结构刚度

C. 表面清洁度　　D. 结构强度

E. 管道压力试验

三、实务操作和案例分析题（共5题，（一）、（二）、（三）题各20分，（四）、（五）题各30分）

（一）

背景资料

某安装工程公司承接架空蒸汽管道工程。管道工程由型钢支架工程和管道安装组成。项目部根据现场实测数据，结合工程所在地的人工、材料、机械台班价格编制了每10t型钢支架工程的直接工程费单价，经工程所在地综合人工日工资标准测算，每吨型钢支架人工费为1380元，每吨型钢支架工程用各种型钢1.1t，每吨型钢材料平均单价5600元，其他材料费380元，各种机械台班费400元。

由于管线需用钢管量大，项目部编制了两套管线施工方案。两套方案的计划人工费15万元，计划用钢材500t，计划价格为7000元/t。甲方案为买现货，价格为6900元/t，乙方案为15天后供货，价格为6700元/t。如按乙方案实行，人工费需增加6000元，机械台班费需增加1.5万元，现场管理费需增加1万元，通过进度分析，甲、乙两方案均不影响工期。工程进行过程中，发生了以下事件：

事件1：在采购一批管道焊接用的共2t低合金耐热钢焊条时，施工单位按建设单位指定的合格供应商确定了焊材供应商。施工单位对供应商首次送货的0.5t焊条进行抽样检测合格。对后两次送货的其余1.5t焊条均未检测，接收后直接用于焊接。在施焊过程中发现焊缝出现大量延迟裂纹。建设单位与监理工程师对焊条重新进行抽样检测，确认为不合格。为此建设单位要求施工单位承担全部责任，所有用此供应商的焊条进行焊接的管线全部重新组焊。施工单位认为供应商是建设单位指定的，应由建设单位承担责任。

事件2：安装工程公司项目部在工程施工自检时，发现架空蒸汽管道坡度、排水装置、放气装置、疏水器安装均不符合规范要求。检查组要求项目部立即整改纠正，采取措施，确保质量、安全、成本目标，按期完成任务。

问题

1. 计算每10t型钢支架工程的直接工程费单价。
2. 分别计算两套方案所需费用，分析比较项目部应采用哪种方案？
3. 事件1中，造成焊接质量问题应由谁承担责任？简述理由。
4. 事件2中，管道、设备的安装应达到规范的什么要求？

（二）

背景资料

A公司承包某项目的机电安装工程，工程主要内容有：建筑给水排水、建筑电气工程、通风空调工程和建筑智能化工程等。合同约定：电力变压器、空调机组、配电柜、控制柜和水泵等设备由业主采购；阀门、灯具、风口、管材、电线电缆等由A公司采购。A公司因人力资源的问题，经业主同意后，将给水排水及照明工程分包给B公司施工。

A公司项目部进场后，编制施工总进度计划、施工方案、材料采购计划等；及时订立材料采购合同，安排施工人员进场施工。第一批阀门（见表2-1）按计划到达施工现场时，项目部组织人员对阀门开箱检查，并按规范要求进行了强度和严密性试验，在设备及管道安装后的试验调试中，主干管上起切断作用的 *DN*400 及 *DN*300 阀门和其他管线阀门均无漏水，工程质量验收合格。

阀门规格数量 **表 2-1**

	*DN*400	*DN*300	*DN*250	*DN*200	*DN*150	*DN*125	*DN*100
闸阀	4	8	26	24			
球阀					48	62	84
碟阀			16	26	12		
合计	4	8	42	50	60	62	84

B 公司按施工总进度计划，编制了给水排水及照明工程施工作业进度计划（见表 2-2），工期需 120 天，被 A 公司项目部否定，要求 B 公司修改作业进度计划，减少工期。B 公司在工作持续时间不变的情况下，将照明管线施工开始时间移到 3 月 1 日，并及时增加施工人员，进行安装技术交底，重点对单相三孔插座的接线进行了培训。因作业进度计划修改合理，技术交底到位，给水排水及照明工程按 A 公司要求完工。

给水排水及照明工程施工作业进度计划 **表 2-2**

序号	工作内容	持续时间	3月			4月			5月			6月		
			1	11	21	1	11	21	1	11	21	1	11	21
1	水泵房设备安装	30d												
2	排水、给水管道施工	40d												
3	卫生器具等安装	20d												
4	给水排水系统试验、验收	10d												
5	照明管线施工	40d												
6	灯具安装	15d												
7	开关插座安装	20d												
8	通电、试运行验收	10d												

在工程施工质量验收时，监理人员指出单相插座的接线存在质量问题（见图 2），要求施工人员返工，返工后质量验收合格。

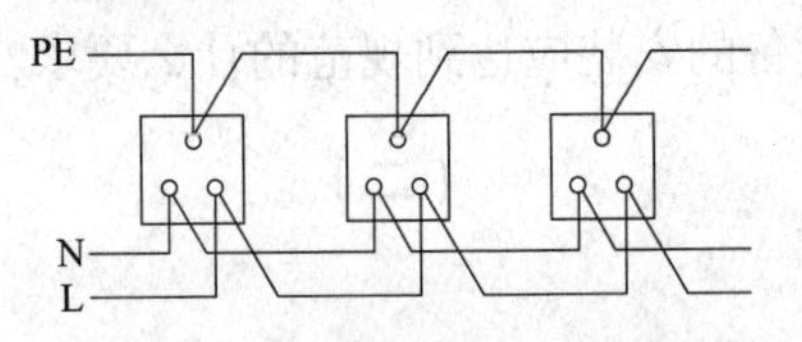

图 2 单相插座接线示意图

问题

1. 第一批进场阀门按规范要求最少应抽查多少个阀门进行强度和严密性试验？强度和严密性试验压力应为公称压力的几倍？

2. B 公司编制的给水排水及照明工程施工作业进度计划为什么被 A 公司项目部否定？修改后的进度计划工期为多少天？

3. 施工作业进度计划可按什么为单元进行编制？编制时应充分考虑哪些关系？

4. 图 2 中，单相三孔插座的接线存在哪些问题？在使用中会有哪些不良后果？

（三）

背景资料

某机电公司承接一地铁机电工程（4 站 4 区间），该工程位于市中心繁华区，施工周期共 16 个月，工程范围包括通风与空调、给水排水及消防水、动力照明、环境与设备监控系统等。

工程各站设置 3 台制冷机组，单台机组重量为 5.5t，位于地下站台层。各站两端的新风及排风竖井共安装 6 台大型风机。空调冷冻、冷却水管采用镀锌钢管焊接法兰连接，法兰焊接处内外焊口做防腐处理。其中某站的 3 台冷却塔按设计要求设置在地铁出入口外的建筑区围挡内，冷却塔并排安装且与围挡建筑物距离为 2.0m。

机电工程工期紧，作业区域分散，项目部编制了施工组织设计，对工程进度、质量和安全管理进行重点控制。在安全管理方面，项目部根据现场作业特点，对重点风险作业进行分析识别，制定了相应的安全管理措施和应急预案。

在车站出入口未完成结构施工时，全部机电设备、材料均需进行吊装作业，其中制冷机组和大型风机的吊装运输分包给专业施工队伍。分包单位编制了吊装运输专项方案后即组织实施，被监理工程师制止，后经审批，才组织实施。

在公共区及设备区走廊上方的管线密集区，采用“管线综合布置”的机电安装新技术，由成品镀锌型钢和专用配件组成的综合支吊架系统。机电管线深化设计后，解决了以下问题：避免了设计图纸中一根 600mm×400mm 风管与 400mm×200mm 电缆桥架安装位置的碰撞；确定了各机电管线安装位置：断面尺寸最大的风管最高，电缆桥架居中，水管最低；确定管线间的位置和标高，满足施工及维修操作面的要求。机电公司根据优化方案组织施工，按合同要求一次完成。

问题

1. 本工程应重点进行风险识别的作业有哪些？应急预案分为哪几类？

2. 分包单位选择的吊装运输专项方案应如何进行审批？

3. 采用“管线综合布置”优化方案后，对管线的施工有哪些优化作用？

4. 本工程冷却塔安装位置能否满足其进风要求？说明理由。塔体安装还应符合哪些要求？

（四）

背景资料

A 安装公司承包某分布式能源中心的机电安装工程，工程内容有：三联供（供电、供冷、供热）机组、配电柜、水泵等设备安装和冷热水管道、电缆排管及电缆施工。三联供机组、配电柜、水泵等设备由业主采购；金属管道、电力电缆及各种材料由安装公司采购。

A 安装公司项目部进场后，编制了施工进度计划（见表 4）、预算费用计划和质量预控方案。对业主采购的三联供机组、水泵等设备检查、核对技术参数，符合设计要求。设备基础验收合格后，采用卷扬机及滚杠滑移系统将三联供机组二次搬运、吊装就位。安装中设置了质量控制点，做好施工记录，保证安装质量，达到设计及安装说明书要求。

施工进度计划　　　　表 4

序号	工作内容	持续时间	开始时间	完成时间	紧前工序	3月			4月			5月			6月		
						1	11	21	1	11	21	1	11	21	1	11	21
1	施工准备	10d	3.1	3.10													
2	基础验收	20d	3.1	3.20													
3	电缆排管施工	20d	3.11	3.30	1												
4	水泵及管道安装	30d	3.11	4.9	1												
5	机组安装	60d	3.31	5.29	2，3												
6	配电及控制箱安装	20d	4.1	4.20	2，3												
7	电缆敷设连接	20d	4.21	5.10	6												
8	调试	20d	5.30	6.18	4，5，7												
9	配套设施安装	20d	4.21	5.10	6												
10	试运行验收	10d	6.19	6.28	8，9												

在施工中发生了以下 3 个事件：

事件 1：项目部将 2000m 电缆排管施工分包给 B 公司，预算单价为 120 元 /m，在 3 月 22 日结束时检查，B 公司只完成电缆排管施工 1000m，但支付给 B 公司的工程进度款累计已达 160000 元，项目部对 B 公司提出警告，要求加快施工进度。

事件 2：在热水管道施工中，按施工图设计位置施工，碰到其他管线，使热水管道施工受阻，项目部向设计单位提出设计变更，要求改变热水管道的走向，结果使水泵及管道安装工作拖延到 4 月 29 日才完成。

事件 3：在分布式能源中心项目试运行验收中，有一台三联供机组运行噪音较大，经有关部门检验分析及项目部提供的施工文件证明，不属于安装质量问题，后增加机房的隔音措施，验收通过。

问题

1. 项目部在验收水泵时，应核对哪些技术参数？

2. 三联供机组在吊装就位后，试运转前有哪些安装工序要做？

3. 针对事件 1，计算电缆排管施工的费用绩效指数 *CPI* 和进度绩效指数 *SPI*。是否会影响总施工进度？

4. 在事件 2 中，项目部应如何变更图纸？水泵和管道安装施工进度偏差了多少天？是否大于总时差？

5. 在事件 3 中，项目部可提供哪些施工文件来证明不是安装质量问题？

（五）

背景资料

A 电力建设公司在外省承建某 2×350MW 锅炉发电机组工程，其中锅炉为亚临界、中间再热、自然循环、汽包锅炉，固态排渣、露天布置、四角燃烧。

锅炉在最大连续负荷（BMCR）工况时的主要设计压力参数见表 5：

表 5

项　目	单　位	数　值
过热器出口蒸汽压力	MPa	17.30
再热器进口蒸汽压力	MPa	4.03
再热器出口蒸汽压力	MPa	3.83
汽包设计压力	MPa	18.69

锅炉的钢架为桁架体系，高强度螺栓连接，主要承重构件的材质为 Q345B。锅炉受热面及受压元件的材质有：15CrMoG、12Cr1MoVG、SA-213TP321H、SA-335P91 等合金钢材质。

A 公司持有 1 级锅炉安装许可证和 GD1 级压力管道安装许可证，具有丰富的电力建设工程施工经验。工程由 B 建设监理公司承担工程监理。

该工程的合同工期为 24 个月，A 公司在施工合同签订后即进场施工。A 公司的 1 级锅炉安装许可证在 8 个月后到期。由于在异地施工，A 公司将工程中的无损检测工作外协给当地有检测资质的 C 公司完成，并签订了工程检测合同。

A 公司在锅炉安装施工告知时提供了：《特种设备安装改造维修告知书》、1 级锅炉安装许可证及特种设备作业人员资格证、施工组织设计及施工方案、工程施工合同、安装改造维修监督检验约请书。

在锅炉安装前，A 公司根据供货清单、装箱单和图纸对锅炉部件进行了数量清点和质量检查。在对主要部件检查时发现有 3 根锅炉立柱表面存在重皮和裂纹等制造缺陷。在检查中专业监理工程师要求除锅炉受热面的合金钢材质部件需进行材质复查外，材质为 Q345B 的低合金钢部件也需用光谱分析方法逐件复查材质。

汽机油系统安装前编制的施工方案已经专业监理工程师审批通过。管道元件及组成件检查合格。安装过程中个别阀门存在空间干涉，为方便操作，将阀杆倾斜 45° 安装（见图 5）。在系统安装完毕进行油冲洗前，下图阀门被专业监理工程师要求整改。

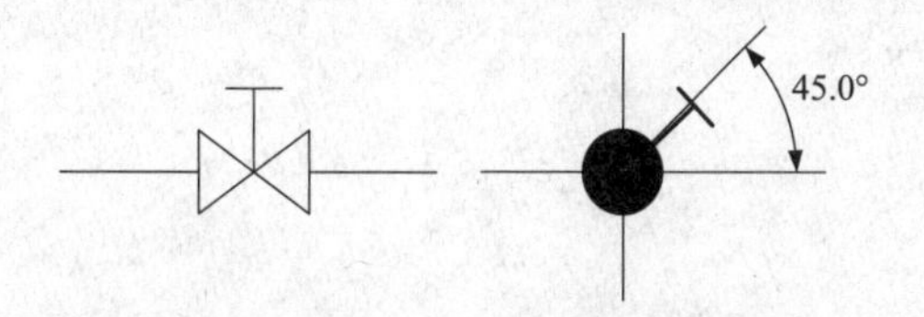

图 5　汽轮机油系统阀门安装示意图

在锅炉整体水压试验合格后，进行了再热系统的压力试验。

（1）再热系统水压试验时，在再热器进口、出口联箱处各安装了一块精度为 1.0 级的弹簧管压力表以读取试验压力，同时，在试压泵出口也安装了一块同样精度和规格的压力表。

（2）再热器水压试验的现场记录：在保持试验压力期间，压力降 $\Delta p = 0.35$MPa，压力降至再热器工作压力后全面检查，检查期间压力保持不变；在受压元件金属壁和焊缝上没有水珠和水雾，受压元件没有发现明显残余的变形。

问题

1. A公司在施工告知时还需要补充哪些材料？ A公司应在锅炉施工许可证到期前多长时间去办理换证申请?

2. 在锅炉部件检查中发现的制造缺陷应如何处理？专业监理工程师对Q345B材质的部件进行光谱检查的要求是否合理？请说明理由。

3. 绘出正确的阀门安装示意图。

4. 列式计算再热蒸汽系统的水压试验压力。试验压力数值的读取以安装在再热器哪个部位的压力表读数为准?

5. 水压试验时安装的压力表的数量和精度是否满足要求？本次水压试验是否合格?

模拟试题（一）参考答案及考点解析

一、单项选择题

1.【答案】A

【考点】空气型母线槽。

【解析】空气型母线槽的母线之间接头用铜片软接头过渡，接头之间体积过大，占用了一定空间，应用较少。空气型母线槽不能用于垂直安装，因存在烟囱效应。

2.【答案】B

【考点】承担热核反应的主要设备。

【解析】核电站的设备分为核岛设备、常规岛设备、辅助系统。

3.【答案】A

【考点】控制设备安装标高的常用测量仪器。

【解析】光学水准仪主要应用于建筑工程测量控制网标高基准点的测设及厂房、大型设备基础沉降观察的测量，在设备安装工程项目施工中用于连续生产线设备测量控制网标高基准点的测设及安装过程中对设备安装标高的控制测量。

4.【答案】B

【考点】钢丝绳安全系数。

【解析】钢丝绳安全系数为标准规定的钢丝绳在使用中允许承受拉力的储备拉力，即钢丝绳在使用中破断的安全裕度。《石油化工大型设备吊装工程规范》GB 50798—2012 对钢丝绳的使用安全系数做出下列规定：作拖拉绳时应大于等于 3.5；作卷扬机走绳时应大于等于 5；作捆绑绳扣使用时应大于等于 6；作系挂绳扣时应大于等于 5；作载人吊篮时应大于等于 14。

5.【答案】C

【考点】球罐用的焊条和药芯焊丝应按批号进行扩散氢复验。

【解析】球罐用的焊条和药芯焊丝应按批号进行扩散氢复验。工业管道用的焊条、焊丝、焊剂库存超过期限，应经复验合格后方可使用。

6.【答案】B

【考点】机械设备安装的一般程序。

【解析】机械设备安装的一般程序：开箱检查→基础测量放线→基础检查验收→垫铁设置→吊装就位→安装精度调整与检测→设备固定与灌浆→零部件装配→润滑与加油→试运转。故设备吊装的紧后工序是精度调整。

7.【答案】B

【考点】电缆敷设前的检查。

【解析】电缆敷设前的检查，根据要求做绝缘试验。6kV 以上的电缆，应做交流耐压和直流泄漏试验；1kV以下的电缆用兆欧表测试绝缘电阻，并做好记录。

8.【答案】B

【考点】管道液压试验的实施要点。

【解析】管道液压试验的实施要点：

（1）液压试验应使用洁净水，对不锈钢管、镍及镍合金钢管道，或对连有不锈钢管、镍及镍合金钢管道或设备的管道，水中氯离子含量不得超过25ppm。

（2）试验前，注入液体时应排尽空气。

（3）试验时环境温度不宜低于5℃，当环境温度低于5℃时应采取防冻措施。

（4）管道的试验压力应符合设计规定。设计无规定时，承受内压的地上钢管道及有色金属管道试验压力应为设计压力的1.5倍，埋地钢管道的试验压力应为设计压力的1.5倍，且不得低于0.4MPa。

9.【答案】A

【考点】汽轮机分类。

【解析】汽轮机分类形式有：

（1）按工作原理可以划分为：冲动式汽轮机和反动式汽轮机两种。

（2）按热力特性可以划分为：凝汽式汽轮机、背压式汽轮机、抽气式汽轮机、抽气背压式汽轮机和多压式汽轮机等。

10.【答案】D

【考点】现场仪表。

【解析】在自动化仪表中，温度检测仪表、压力检测仪表、物位检测仪表属于现场仪表。

11.【答案】C

【考点】牺牲阳极材料。

【解析】常用牺牲阳极材料包括：镁及镁合金阳极、锌及锌合金阳极、铝合金阳极和镁锌复合式阳极，其中铝合金阳极主要用于海洋环境中管道或设备的牺牲阳极保护。

12.【答案】B

【考点】管道表面的捆扎材料。

【解析】捆扎法是把绝热材料制品敷于设备及管道表面，再用捆扎材料将其扎紧、定位的方法。配套的捆扎材料有镀锌铁丝、包装钢带、粘胶带等。对泡沫玻璃、聚氨酯、酚醛泡沫塑料等脆性材料不宜采用镀锌铁丝、不锈钢丝捆扎，宜采用感压丝带捆扎，分层施工的内层可采用粘胶带捆扎。

13.【答案】A

【考点】电梯安装的监督检验。

【解析】电梯安装单位应当在履行告知后、开始施工前（不包括设备开箱、现场勘测等准备工作），向规定的检验机构申请监督检验。待检验机构审查电梯制造资料完毕，并且获悉检验结论为合格后，方可实施安装。

14.【答案】A

【考点】养老院等场所的灭火系统。

【解析】自动喷水灭火系统特点是大水滴喷头的出流，水滴粒径大，穿透力更强的射流能穿透厚的火焰，到达火源中心，迅速冷却火源达到灭火目的，主要应用于高堆高架仓库；反应灵敏、动作速度更快，能在火灾初期阶段控制住火，适用于在幼儿园、医院、养老院等场所，保护幼儿或行动不便的老弱病残者人身安全；其美观小巧的玻璃球喷头，能满足商场、宾馆、饭店等建筑物内装修美观的要求。

15. **【答案】**D

【考点】工序质量过程控制。

【解析】工序质量控制是最基础的控制，其他三项的质量是各个工序质量的积累和综合，因此，施工时，要认真控制好每一个工序的质量。

16. **【答案】**B

【考点】规费项目清单。

【解析】规费项目清单包括：工程排污费；社会保险费；住房公积金。

17. **【答案】**D

【考点】计量器具质量和水平的主要指标。

【解析】计量器具具有准确性、统一性、溯源性、法制性四个特点。衡量计量器具质量和水平的主要指标是它的准确度等级、灵敏度、鉴别率（分辨率）、稳定度、超然性以及动态特性等，这也是合理选用计量器具的重要依据。

18. **【答案】**D

【考点】工程建设用电申请内容。

【解析】工程建设用电申请内容：用电申请书的审核、供电条件勘查、供电方案确定及批复、有关费用收取、受电工程设计的审核、施工中间检查、竣工检验、供用电合同（协议）签约、装表接电等项业务。

19. **【答案】**A

【考点】子单位工程的划分原则。

【解析】子单位工程是新修订的《建筑工程施工质量验收统一标准》GB 50300提出的，原因是建筑物大体量的出现，各部位的功能不同，若仍沿用一幢建筑物为一个单位工程进行验收，不验收不能使用的方法不能符合实际需要。

20. **【答案】**D

【考点】与主体工程同步验收的项目。

【解析】建设工程项目的消防设施、安全设施及环境保护设施应与主体工程同时设计、同时施工、同时投入生产和使用。

二、多项选择题

21. **【答案】**A、B、C、D

【考点】平衡梁的主要作用。

【解析】在吊装作业中，平衡梁的主要作用是保持被吊设备的平衡、平衡或分配荷载，由于使用了平衡梁，使挂设备的吊索处于竖直状态，能避免吊索与设备刮碰，也能避免吊索损坏设备。前4项是正确选项。但平衡梁的使用，并不能减少吊装载荷，即使在双机或多机抬吊中，通过合理分配各吊点的荷载，减小了某台或某几台起重机承受的载荷，但同时却增加了其他起重机承受的载荷，因而E是不正确选项。

22. **【答案】**A、B

【考点】导管敷设主控项目检查。

【解析】《建筑电气工程施工质量验收规范》GB 50303—2015 主控项目条文：

12.1.2 钢导管不得采用对口熔焊连接；镀锌钢导管或壁厚小于或等于 2mm 的钢导管不得采用套管熔焊连接。

一般项目条文：

12.2.2 承力建筑钢结构构件上不得熔焊导管支架，且不得热加工开孔；当导管采用金属吊架固定时，圆钢直径不得小于 8mm。

12.2.5 对于埋地敷设的钢导管，埋设深度应符合设计要求，钢导管的壁厚应大于 2mm。

23. **【答案】**B、C、D

【考点】排水管道安装主控项目检查。

【解析】《建筑给水排水及采暖工程施工质量验收规范》GB 50242—2002 第 5.2.1、5.2.2、5.2.3、5.2.4 条文规定。

24. **【答案】**A、C、E

【考点】柔性短管的要求。

【解析】柔性短管的要求：

（1）防排烟系统的柔性短管必须为不燃材料。

（2）应采用抗腐、防潮、不透气及不易霉变的柔性材料。

（3）柔性短管的长度宜为 150 ～ 250mm，接缝的缝制或粘接应牢固、可靠，不应有开裂；成型短管应平整，无扭曲等现象。

（4）柔性短管不应为异径连接管；矩形柔性短管与风管连接不得采用抱箍固定的形式。

（5）柔性短管与法兰组装宜采用压板铆接连接，铆钉间距宜为 60 ～ 80mm。

25. **【答案】**B、C、D

【考点】入侵报警探测器类型。

【解析】入侵报警探测器有：门窗磁性开关、玻璃破碎探测器、被动型红外线探测器和主动型红外线探测器（截断型、反射型）、微波探测器、超声波探测器、双鉴（或三鉴）探测器、线圈传感器和泄漏电缆传感器等。

26. **【答案】**A、C、E

【考点】机电工程施工进度控制的合同措施。

【解析】机电工程施工进度控制的合同措施：

（1）合同中要有专款专用条款，防止因资金问题而影响施工进度，充分保障劳动力、施工机具、设备、材料及时进场。

（2）严格控制合同变更，对各方提出的工程变更和设计变更，应严格审查后再补入合同文件之中。

（3）加强索赔管理，公正地处理索赔。

27. **【答案】**A、B、D、E

【考点】离心泵试运行后要求。

【解析】离心泵试运行后，应关闭泵的入口阀门，待泵冷却后再依次关闭附属系统的阀门；输送易结晶、凝固、沉淀等介质的泵，停泵后应防止堵塞，并及时用清水或其他介质冲洗泵和管道；放净泵内积存的液体。

28.【答案】A、B、C、D

【考点】绿色施工要点。

【解析】绿色施工要点：绿色施工管理、环境保护、节材与材料资源利用、节水与水资源利用、节能与能源利用、节地与施工用地保护六个方面。

29.【答案】A、B、C、D

【考点】风险管理策划中主要负责的工作。

【解析】风险管理组在风险管理策划中主要负责的工作有：识别、评价主要风险因素，制定应急措施，应急救援，安全检查，事故上报。

30.【答案】A、B、D、E

【考点】主控项目检验。

【解析】主控项目检验内容中要用数据说明的包括结构稳定性、结构刚度、结构强度和管道压力试验。

三、实务操作和案例分析题

（一）

1.【参考答案】每10t型钢支架工程的直接工程费单价：13800＋65400＋4000＝83200元。

【考点解析】每10t型钢支架工程的直接工程费单价中人工、材料、机械费测算：

人工费1380×10＝13800元

材料费（1.1×5600＋380）×10＝65400元

机械费400×10＝4000元

每10t型钢支架工程的直接工程费单价：13800＋65400＋4000＝83200元

2.【参考答案】

方案甲费用＝150000＋6900×500＝3600000元

方案乙费用＝150000＋6000＋6700×500＋15000＋10000＝3531000元

计划费用150000＋7000×500＝3650000元

方案乙比计划费用低3650000－3531000＝119000元

方案乙比方案甲费用低3600000－3531000＝69000元

应选择方案乙。

【考点解析】分别计算两套方案所需费用，从成本角度和工期上分析方案。

3.【参考答案】应由施工单位承担责任。施工单位对后2批1.5t焊条未按规定进行检测，在焊接工程中使用了未进行检测的不合格焊条，造成焊缝出现质量问题。

【考点解析】供应商是建设单位指定的，但是施工单位采购的。施工单位对后两次送货的1.5t焊条均未检测，接收后直接用于焊接。应由施工单位承担责任。

4.【参考答案】规范要求：室外蒸气管道的坡度为0.003，坡度与介质流向相同，每段管道最低点应设排水装置，最高点应设置放气装置，疏水器安装在管道的最低点可能集结冷凝水之处，流量孔板的前侧。

【考点解析】管道施工质量验收规范。

（二）

1.【参考答案】第一批进场的阀门按规范要求最少应抽查46个进行强度和严密性试验，强度试验压力为公称压力的1.5倍；严密性试验压力为公称压力的1.1倍。

【考点解析】阀门安装前，应按规范要求进行强度和严密性试验，试验应在每批（同牌号、同型号、同规格）数量中抽查10%，且不少于一个。安装在主干管上起切断作用的闭路阀门，应逐个做强度试验和严密性试验。阀门的强度试验压力为公称压力的1.5倍，严密性试验压力为公称压力的1.1倍。

2.【参考答案】否定的原因：照明工程和给水排水工程施工没有逻辑关系，照明工程和给水排水工程可以同时施工。修改后的进度计划工期为70天。

【考点解析】照明工程和给水排水工程的两个不同专业的工程，施工没有逻辑关系，可以同时施工，从施工进度计划（横道图）分析工期可以缩短为70天。

3.【参考答案】施工作业进度计划可按分项工程或工序为单元进行编制。编制时应考虑工作间的衔接关系和符合工艺规律的逻辑关系。

【考点解析】作业进度计划可按分项工程或工序为单元进行编制，编制前应对施工现场条件、作业面现状、人力资源配备、物资供应状况等做充分了解，并对执行中可能遇到的问题及其解决的途径提出对策，因而作业进度计划是在所有计划中最具有可操作性的计划。

作业进度计划编制时已充分考虑了工作间的衔接关系和符合工艺规律的逻辑关系，所以宜用横道图进度计划表达。

4.【参考答案】图2中，单相三孔插座接线存在的问题：保护接地导体（PE）在插座之间串联连接；相线及中性导体（N）利用插座本体的接线端子转接供电。在使用中的不良后果：如果保护接地线在插座端子处虚接或断开会使故障点之后的插座失去保护接地功能；相线及中性导体在插座端子处虚接或断开会使故障点之后的插座失去供电功能。

【考点解析】《建筑电气工程施工质量验收规范》GB 50303—2015第20.1.3条规定：保护接地导体（PE）在插座之间不得串联连接；相线与中性导体（N）不应利用插座本体的接线端子转接供电。

（三）

1.【参考答案】应重点进行风险识别的作业有：新技术综合管道支吊架安装作业，焊接作业，起重吊装作业。应急预案分类：综合应急预案，专项应急预案，现场处置方案。

【考点解析】根据背景重点进行风险识别的作业，应急预案分类。

2.【参考答案】分包单位选择的吊装运输方案属危险性较大的工程，应报总承包单位组织专家论证，经总承包单位技术负责人、项目总监理工程师、建设单位项目负责人签字后方可组织实施。

【考点解析】吊装运输专项方案审批。

3.【参考答案】采用“管线综合布置”优化方案后，对管线施工的优化作用：确定合理的施工顺序，合理安排不同专业人员的交叉作业，防止不必要的拆改。

【考点解析】分析“管线综合布置”优化方案后，对管线施工的优化作用。

4.【参考答案】本工程冷却塔安装位置能满足其进风要求。理由是：冷却塔进风侧距建筑物为2m，大于1m。塔体安装还应符合的要求是：安装应水平，多台冷却塔的水面高度一致。

【考点解析】冷却塔安装位置要求和塔体安装要求。

（四）

1.【参考答案】项目部在验收水泵时，应认真核对水泵的型号、流量、扬程及配用的电机功率等技术参数。

【考点解析】水泵技术参数。

2.【参考答案】在三联供机组吊装就位后，试运转前要做的安装工序有：设备安装精度调整与检测，设备固定与灌浆。

【考点解析】机械设备（三联供机组）安装的一般程序：

开箱检查→基础测量放线→基础检查验收→垫铁设置→吊装就位→安装精度调整与检测→设备固定与灌浆→零部件装配→润滑与设备加油→试运转。

3.【参考答案】已完工程预算费用 $BCWP = 1000\text{m} \times 120$ 元 /m $= 120000$ 元

计划工程预算费用 $BCWS = 1200\text{m} \times 120$ 元 /m $= 144000$ 元

费用绩效指数 $CPI = BCWP/ACWP = 120000/160000 = 0.75$

进度绩效指数 $SPI = BCWP/BCWS = 120000/144000 = 0.83$

CPI 和 *SPI* 都小于1，电缆排管施工进度已落后，并在关键线路上，会影响总施工进度。

【考点解析】计算电缆排管施工的费用绩效指数 *CPI* 和进度绩效指数 *SPI*，然后判断总施工进度影响。

4.【参考答案】事件2中，项目部应填写设计变更单，交建设单位或监理单位审核后送设计单位进行设计变更。水泵及管道安装施工进度偏差了20天，其总时差有50天，进度偏差小于总时差。

【考点解析】图纸变更程序，从施工进度计划分析水泵和管道安装施工进度偏差，分析是否大于总时差。

5.【参考答案】事件3中，项目部可提供的施工文件有：工程合同，设计文件，三联供机组安装技术说明书，施工记录。

【考点解析】施工安装质量文件分析。

（五）

1.【参考答案】A公司在施工告知时还需补充：锅炉制造厂的锅炉制造许可证（制造资质），A与C公司签订的无损检测合同，C公司的检测资质证书（检测资质）。A公司应当在锅炉施工许可证到期前6个月（半年）去办理换证申请。

【考点解析】根据特种设备安全法来分析施工告知时的材料及锅炉施工许可证到期前的办理换证申请。

2.【参考答案】在锅炉部件检查中发现的制造缺陷应提交建设单位、监理单位与制造单位研究处理并签证。

专业监理工程师的要求不合理。用光谱逐件分析复查合金钢零部件的材质，但不包括 Q345B 低合金钢零部件。

【考点解析】依据背景资料分析。

3. **【参考答案】**正确的阀门安装示意图。

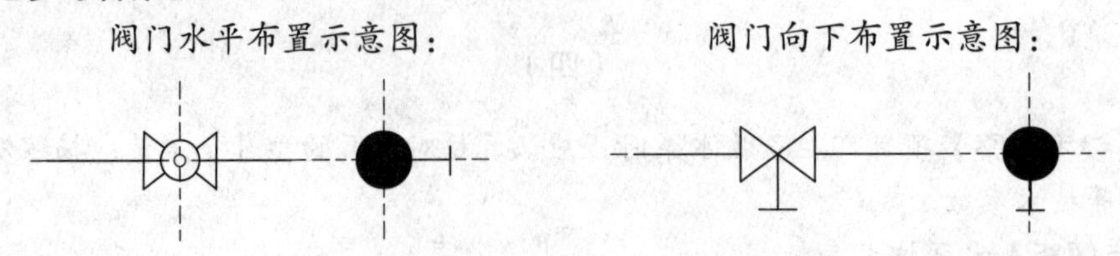

【考点解析】图中阀门被专业监理工程师要求整改的原因是：阀门门杆朝向错误，运行中阀芯脱落切断油路。阀门的阀杆应水平或向下布置。

4. **【参考答案】**再热器水压试验压力为 4.03MPa×1.5 ＝ 6.045MPa；试验压力值以再热器出口联箱处的压力表读数为准。

【考点解析】再热器水压试验压力为再热器进口联箱设计压力的 1.5 倍，试验压力值以再热器出口联箱处的压力表读数为准。

5. **【参考答案】**压力表的数量和精度满足水压试验要求；再热器水压试验合格。

【考点解析】再热系统水压试验时，在再热器进口、出口联箱处各安装了一块精度为 1.0 级的弹簧管压力表以读取试验压力，同时，在试压泵出口也安装了一块同样精度和规格的压力表。

再热器水压试验的现场合格记录：在保持试验压力期间，压力降 $\Delta p = 0.35$MPa（合格标准 $\Delta p \leqslant 0.35$MPa），压力降至再热器工作压力后全面检查，检查期间压力保持不变；在受压元件金属壁和焊缝上没有水珠和水雾，受压元件没有发现明显残余的变形。

2021年度一级建造师执业资格考试
《机电工程管理与实务》模拟试题（二）

一、单项选择题（共20题，每题1分，每题的备选项中只有1个最符合题意）

1. 无卤低烟阻燃电力电缆，在消防灭火时的缺点是（　　）。
   A. 发出有毒烟雾　　B. 产生烟尘较多
   C. 腐蚀性能较高　　D. 绝缘电阻下降
2. 下列锅炉中，不属于按燃烧方式分类的锅炉是（　　）。
   A. 火管锅炉　　B. 层燃锅炉
   C. 室燃锅炉　　D. 旋风锅炉
3. 工业安装测量的基本程序中，设置基础标高基准点的紧后工序是（　　）。
   A. 设置基础纵横中心线　　B. 确认永久基准点
   C. 设置沉降观测点　　D. 安装过程测量控制
4. 下列钢结构焊缝中，到货的焊接材料不需要进行复验的是（　　）。
   A. 建筑结构安全等级为一级的二级焊缝
   B. 建筑结构安全等级为二级的一级焊缝
   C. 大跨度钢结构的一级焊缝
   D. 吊车梁结构中的二级焊缝
5. 选用流动式起重机的主要根据是（　　）。
   A. 起重机的吊装特性曲线图表　　B. 起重机卷扬的最大功率
   C. 起重机的行走方式　　D. 起重机吊臂的结构形式
6. 测量预埋地脚螺栓的标高应在其（　　）。
   A. 根部测量　　B. 顶部测量
   C. 中部测量　　D. 上部测量
7. 机电工程设备采购收尾阶段的工作不包括（　　）。
   A. 包装运输　　B. 货物交接
   C. 材料处理　　D. 资料归档
8. 下列系统中，不属于直驱式风力发电机组系统的是（　　）。
   A. 电控系统　　B. 齿轮变速系统
   C. 测风系统　　D. 防雷保护系统
9. 自动化仪表的取源阀门与管道连接时，不宜采用（　　）。
   A. 焊接连接　　B. 法兰连接
   C. 螺纹连接　　D. 卡套连接

10. 对有振动部位的绝热层，不得采用的施工方法是（　　）。

A. 捆扎法施工　　B. 粘贴法施工

C. 浇注法施工　　D. 填充法施工

11. 工业炉窑砌筑工程工序交接的证明书内容不包括的是（　　）。

A. 炉窑沉降观测点测量记录　　B. 隐蔽工程的验收合格证明

C. 可动部分试运转合格证明　　D. 焊接严密性试验合格证明

12. 建筑智能化工程的接口测试文件不包括（　　）。

A. 接口通信协议　　B. 测试链路搭接

C. 测试结果评判　　D. 测试仪器仪表

13. 高层建筑的给水系统必须进行合理的竖向分区并应加设（　　）。

A. 减压设备　　B. 补水装置

C. 补偿装置　　D. 阀门设备

14. 施工组织设计编制依据中的工程文件不包括（　　）。

A. 工程文件　　B. 资源条件

C. 技术协议　　D. 会议纪要

15. 下列资料中，不属于电梯制造厂提供的资料是（　　）。

A. 机房及井道布置图　　B. 型式试验合格证书

C. 产品质量证明文件　　D. 安装施工规范文件

16. 计量仪表按时间间隔和规定程序进行的检定是（　　）。

A. 首次检定　　B. 修理检定

C. 周期检定　　D. 仲裁检定

17. 下列设备中，属于供电部门变电所电力设施的是（　　）。

A. 断路器　　B. 汽轮机

C. 发电机　　D. 调相机

18. 某单位现场组焊属于第二类中压容器的塔类设备，应具有的许可是（　　）。

A. D2 级制造许可（第二类低、中压容器）

B. D1 级制造许可（第一类压力容器）

C. 《特种设备安装改造维修许可证》1 级资格

D. A3 级制造许可（球形储罐现场组焊）

19. 工业安装工程验收中，分项工程验收结论的填写单位是（　　）。

A. 施工单位　　B. 设计单位

C. 建设单位　　D. 质监单位

20. 建筑采暖系统中，分项工程划分的依据是（　　）。

A. 主要工种　　B. 材料种类

C. 施工工艺　　D. 专业性质

二、多项选择题（共10题，每题2分，每题的备选项中，有2个或2个以上符合题意，至少有 1 个错项。错选，本题不得分；少选，所选的每个选项得 0.5 分）

21. 10kV 塑料绝缘三芯电力电缆的交接试验中，一般进行试验的项目有（　　）。

A. 绝缘电阻测量
B. 泄漏电流测量
C. 交流耐压试验
D. 交叉互联试验
E. 电缆相位检查

22. 关于镍合金钢管工艺管道水冲洗的说法，正确的有（　　）。
A. 水的氯离子含量为 20ppm
B. 水冲洗的流速为 2.0m/s
C. 排放管排水时不形成负压
D. 排放管内径是被冲洗管的 50%
E. 冲洗压力是设计压力的 1.15 倍

23. 关于空调水系统联合试运转及调试的要求，正确的有（　　）。
A. 水泵流量不应出现 10% 以上的波动
B. 水泵压差不应出现 10% 以上的波动
C. 水泵电机电流不应出现 10% 以上的波动
D. 冷水系统的总流量与设计流量偏差不应大于 15%。
E. 冷却水系统的总流量与设计流量偏差不应大于 10%。

24. 国际机电工程项目合同风险中，属于环境风险的有（　　）。
A. 财经风险
B. 技术风险
C. 政治风险
D. 营运风险
E. 市场风险

25. 施工机械管理的一般要求中，施工机械选择的方法包括（　　）。
A. 综合评分法
B. 折算费用法
C. 价值工程法
D. 成本比较法
E. 界限使用判断法

26. 下列施工内容中，应设置质量控制点的有（　　）。
A. 安装贵重设备的过程
B. 施工技术难度大的环节
C. 工程量大的施工工序
D. 采用新技术的部位
E. 易出现不合格的子项

27. 关于压缩机空负荷试运转要求，正确的有（　　）。
A. 启动压缩机后检查各部位无异常
B. 依次运转 5min、30min 和 2h 以上
C. 运转中润滑油压不得小于 0.1MPa
D. 机身内润滑油温度不应高于 70℃
E. 各运动部件无声响且紧固件无松动

28. 机电工程回访计划的内容包括（　　）。
A. 了解所采用的新设备
B. 投入后工程质量情况
C. 回访保修业务的部门
D. 回访保修的执行单位
E. 回访发包人或使用人

29. 分部工程验收时，参加的单位包括（　　）。
A. 建设单位
B. 施工单位
C. 监理单位
D. 设计单位
E. 质检单位

30. 工业管道工程交接验收前，建设单位应检查的施工技术资料包括（　　）。

A. 施工规范　　B. 技术文件

C. 施工记录　　D. 试验报告

E. 施工资质

三、实务操作和案例分析题（共 5 题，（一）、（二）、（三）题各 20 分，（四）、（五）题各 30 分）

（一）

背景资料

A 公司承包某项目的机电工程，工程内容有：建筑给水排水、建筑电气工程和通风空调工程等。工程主要设备（电力变压器、配电柜、空调机组、控制柜和水泵等）由业主采购；其他设备和材料（灯具、风口、阀门、管材、线缆等）由 A 公司采购。A 公司经业主同意后，将给水排水及照明工程分包给 B 公司施工。

A 公司项目部进场后，依据项目施工总进度计划和施工方案，制订设备、材料采购计划，并及时订立采购合同。材料采购计划涵盖施工全过程，与施工进度合理搭接。在材料送达施工现场时，施工人员按验收工作的规定，对设备、材料进行验收，还对重要的器件进行复检，均符合设计要求。

B 公司依据本公司的人力资源现状，编制了照明工程和给水排水施工作业进度计划（见表 1），被 A 公司项目部否定，要求 B 公司修改作业进度计划，加快进度。B 公司在工作持续时间不变的情况下，将排水、给水管道施工的开始时间移到 6 月 1 日，同时增加施工人员，使给水排水和照明工程按 A 公司要求同时开工。

照明工程和给水排水施工作业进度计划　　表 1

序号	工作内容	6月			7月			8月			9月		
		1	11	21	1	11	21	1	11	21	1	11	21
1	照明管线施工	—	—	—	—								
2	灯具安装					—							
3	开关、插座安装					—	—						
4	通电、试运行验收							—					
5	排水、给水管道施工					—	—	—	—				
6	水泵房设备安装							—	—	—			
7	卫生器具安装										—	—	
8	给水排水系统试验、验收												—

在工程施工质量验收中，A 公司项目部指出照明工程中的非镀锌钢导管的接地跨接存在质量问题（见图 1），要求 B 公司组织施工人员进行整改，整改后施工质量验收合格。

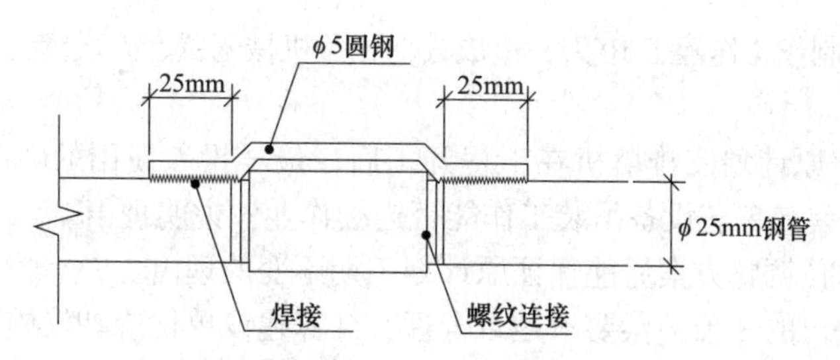

图 1　钢管螺纹连接的接地跨接示意图

问题

1. 在履行材料采购合同中，材料交付时应把握好哪些环节？

2. 材料进场时应根据哪些文件进行材料数量和质量的验收？要求复检的材料应有什么报告？

3. B 公司编制的施工作业进度计划为什么被 A 公司项目部否定？这种表示方式的作业进度计划有哪些欠缺？

4. 图 1 的非镀锌钢导管的接地跨接存在哪些错误？写出规范要求的做法。

（二）

背景资料

某工业项目建设单位通过招标与施工单位签订了施工合同，主要内容包括设备基础、设备钢架（多层）、工艺设备、工艺管道和电气、仪表安装等。

工程开工前，施工单位按合同约定，向建设单位提交了施工进度计划，如图 2 所示。

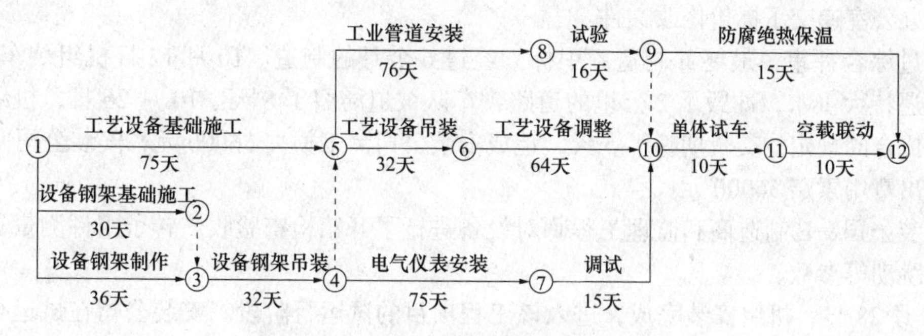

图 2　施工进度网络计划图

施工进度计划中，设备钢架吊装和工艺设备吊装两项工作共用 1 台塔式起重机，（以下简称塔机），其他工作不使用塔机。经建设单位审核确认，施工单位按该进度计划进场组织施工。

在施工过程中，由于建设单位要求变更设计图纸，致使设备钢架制作工作停工 10d（其他工作持续时间不变），建设单位及时向施工单位发出通知，要求施工单位按原计划进场，调整进度计划，保证该项目按原计划工期完工。

施工单位采取工艺设备调整工作的持续时间压缩 3 天，得到建设单位同意，施工单位提出的费用补偿要求如下：

（1）工艺设备调整工作压缩 3 天，增加赶工费 10000 元；

（2）塔机闲置 10 天损失费，1600 元 / 天（含运行费 300 元 / 天）×10 ＝ 16000 元；

（3）设备钢架制作工作停工10天，造成其他相关机械闲置、人员窝工等损失费15000元。

问题

1. 施工单位按原计划安排塔机在工程开工后，最早投入使用的时间是在第几天？按原计划设备钢架吊装与工艺设备吊装工作能否连续作业？说明理由。

2. 说明施工单位调整方案后能保证原计划工期不变的理由。

3. 施工单位提出的3项补偿要求是否合理？计算建设单位应补偿施工单位的费用。

4. 电气成套柜安装完成后，应做哪些试验内容？

（三）

背景资料

某安装公司总承包一大型压气站的PC合同，主压缩机为离心式6级压缩机，由蒸汽轮机驱动。由于机体庞大，整机运输较为困难，安装公司计划采用散件运输、现场组装的模式。

安装公司向5家（A、B、C、D、E）已通过资质审查的制造商发放了汽轮机—压缩机机组招标邀请。招标文件要求这5家制造商在收到招标文件的第8天（既4月16日）12 : 00前将投标文件密封递交到招标办公室。

A制造商以时间过紧为由，回函谢绝了投标；B制造商、C制造商均按时递交了投标文件；D制造商的车辆中途抛锚，4月16日12 : 45方抵达招标办公室，招标人员拒收D制造商的投标文件；E制造商在4月15日就递交了投标文件，在无意间听到了C制造商的投标人员在谈论标价，E制造商投标人员紧急请示了其总经理，在4月16日11 : 50，向招标办公室递交了标价修改文件。

经过综合评审，最终E制造商中标。经过6个月的制造。10月12日机组装车起运。路途中遇特大洪水，冲毁了2公里的道路，车队被迫滞留了8天。10月26日，机组运抵现场。比合同规定的交货期晚了5天，造成安装公司窝工损失56000元，安装公司向E制造商提出费用索赔56000元。

安装公司、E制造商和监理工程师对设备进行了开箱检查验收。转子组件测量了口环的径向跳动等参数。

12月28日，机组安装完成，进入该工程项目的试运行阶段。安装公司在试运行阶段前期做了充分的技术、组织和物资三个方面的准备工作。建设单位要求安装公司组织并实施单体试运行和联动试运行，由设计单位编制试运行方案。

联动试运行前，安装公司建立了试运行组织，进行试运行方案和操作规程的交底，参加试运行人员熟知运行工艺和安全操作规程，工程及资源环境的其他条件均已满足要求，安装公司准备进行联动试运行时，被监理工程师制止，要求整改。

问题

1. 招标人员拒收D制造商的投标文件是否正确？说明理由。E制造商在11 : 50递交标价修改文件的做法是否违规？说明理由。

2. 汽轮机转子装配完后，还要做哪些技术测量？转子组件应有哪些技术证明文件？

3. 建设单位的要求是否正确？说明监理工程师制止联动试运行的理由。

4. 安装公司向E制造商的索赔是否成立？ E制造商应如何处理？

（四）

背景资料

某机电安装公司具有特种设备安装改造维修许可证 1 级许可资格，其承接某炼油厂塔群安装工程。工程内容包括：各类塔体就位、各类管道、自动控制和绝热工程等。其中分馏塔为 60m 高，属于Ⅱ类压力容器，分三段到货，需要在现场进行组焊安装。机电安装公司项目部拟采用在基础由下至上逐段组对吊装的施工方法，并为此编制了分馏塔组对焊接施工方案。

本合同工期为 5 个月，合同约定：如果工期延误一天罚款 10000 元，如每提前一天奖励 5000 元。安装公司项目部对安装工程内容进行分析，认为工程重点是各类塔体吊装就位，为此制订了两套塔体吊装方案。

第一套方案采用桅杆起重机吊装，经测算施工时间需要 70 天，劳动力日平均 30 人，预算日平均工资 50 元，机械台班费需 30 万元，其他费用 25000 元，另外需要新购置钢丝绳和索具费用 30000 元；工程可能会延期 2 天。

第二套方案采用两台 100t 汽车起重机双机抬吊，但需要市场租赁，其租赁费 10000 元 /（日・台），经测算现场汽车起重机共需 25 天，但人工费可比第一套方案降低 70%，其他费用可降低 30%，工程可能提前 18 天完成。无须新购置钢丝绳和索具。

在分馏塔着手施工时，项目监理工程师认为机电安装公司不具备分馏塔的现场组焊安装资格，要求项目暂停施工塔体的绝热采用粘贴法施工，为此机电安装公司项目部暂停了施工作业，与建设单位协商同意后，解决了现场组焊安装施工问题。

问题

1. 本工程应编制哪种类型的施工组织设计和专项施工方案？

2. 写出桅杆起重机与汽车起重机的适用范围。

3. 哪些绝热材料可采用粘贴法施工？粘贴法施工有什么要求？

4. 从经济性角度进行分析，项目部应选用第几套施工方案？

5. 为什么项目监理工程师认为机电安装公司不具备分馏塔的现场组焊安装资格？机电安装公司是如何解决分馏塔的现场组焊安装施工的问题？

（五）

背景资料

某商业中心共有 15 幢多层建筑，该商业中心的安全技术防范工程有：视频监控系统、门禁系统、巡查系统和地下停车库管理系统等工程。某安装公司承接该工程后，对安全技术防范系统进行施工图深化设计，其中某 5 层建筑的视频监控系统如图 5 所示。

安装公司项目部进场后，依据商业中心工程的施工总进度计划，编制了安全技术防范系统施工进度计划，其中视频监控系统施工进度计划见表 5。该进度计划在报公司审批时，被公司总工程师否定，调整后通过审批。

项目部还根据施工图纸和施工进度编制了设备、材料供应计划。在材料送达施工现场时，施工人员按验收工作的规定，对设备、材料的数量和质量进行验收，还重点检查了摄像机和视频线缆的型号、规格，均符合施工图要求。

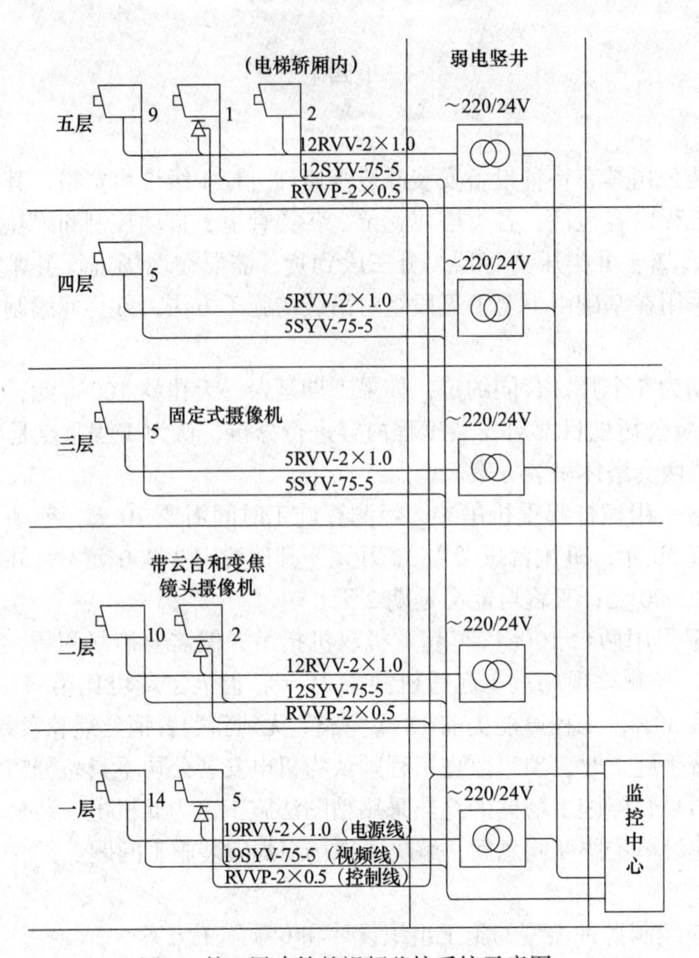

图 5　某 5 层建筑的视频监控系统示意图

视频监控系统施工进度计划 　　　　　　**表 5**

序号	工作内容	3月			4月			5月			6月		
		1	11	21	1	11	21	1	11	21	1	11	21
1	线槽、线管施工												
2	线槽、线管穿线												
3	监控中心设备安装												
4	楼层监控设备安装												
5	系统检测												
6	系统试运行调试												
7	验收移交												

项目部依据工程技术文件和智能建筑工程质量验收规范规定的检测项目、检测数量及检测方法编制安全技术防范系统检测方案，该检测方案经建设单位批准后，对摄像机、门禁和巡查信息识读器等设备进行抽检，均符合规范规定。

问题

1. 视频监控系统施工进度计划为什么被总工程师否定？如何调整？编制施工进度计划时还应关注哪几个专业工程的施工进度？

2. 视频监控系统施工进度计划采用横道图方法表示有什么优点？

3. 材料进场时的验收工作应按哪些规定进行？并写出材料数量和质量验收的根据。

4. 图 5 中的视频线采用了哪种类型电缆？其外护套是什么材料？外导体内径为多少？

5. 按质量验收规范要求，图 5 中的固定式摄像机最少应抽检多少台？在调整带云台和变焦镜头摄像机的遥控功能时应排除哪些不良现象？

模拟试题（二）参考答案及考点解析

一、单项选择题

1.【答案】D

【考点】无卤低烟阻燃电缆。

【解析】根据电缆阻燃材料的不同，阻燃电缆分为含卤阻燃电缆及无卤低烟阻燃电缆。无卤低烟电缆是指不含卤素（F、Cl、Br、I、At）、不含铅、镉、铬、汞等物质的胶料制成，燃烧时产生的烟尘较少，且不会发出有毒烟雾，燃烧时的腐蚀性较低，因此对环境产生危害很小。阻燃电缆分 A、B、C 三个类别，A 类最高。

无卤低烟的聚烯烃材料主要采用氢氧化物作为阻燃剂，氢氧化物又称为碱，其特性是容易吸收空气中的水分（潮解）。潮解的结果是绝缘层的体积电阻系数大幅下降，由原来的 17MΩ/km 可降至 0.1MΩ/km。

2.【答案】A

【考点】锅炉的分类。

【解析】锅炉的分类：

（1）按结构分为：火管锅炉、水管锅炉。

（2）按燃烧方式分为：层燃锅炉、室燃锅炉、旋风锅炉、流化床燃烧锅炉。

3.【答案】C

【考点】工业安装测量的基本程序。

【解析】工业安装测量的基本程序：确认永久基准点、线→设置基础纵横中心线→设置基础标高基准点→设置沉降观测点→安装过程测量控制→实测记录等。

4.【答案】D

【考点】钢结构的焊接材料复验要求。

【解析】钢结构的焊接材料复验要求：满足下列情况之一时，钢结构所用焊接材料应按到货批次进行复验，合格后方可使用。

（1）建筑结构安全等级为一级的一、二级焊缝；

（2）建筑结构安全等级为二级的一级焊缝；

（3）大跨度的一级焊缝；

（4）重级工作制吊车梁结构中的一级焊缝；

（5）设计要求。

5.【答案】A

【考点】流动式起重机选用。

【解析】起重机最主要的功能和用途就是吊装物体，所以无论哪种起重机选用首先要考虑的是其性能，当然行走式的也不例外，分析上述四条选项，唯 A 选项——起重机的吊装特性曲线图表最符合行走吊车选择的要求。

6.【答案】B

【考点】预埋地脚螺栓的测量。

【解析】预埋地脚螺栓的标高应在其顶部测量。

7.【答案】A

【考点】收尾阶段采办小组的主要工作。

【解析】收尾阶段采办小组的主要工作：货物交接、材料处理、资料归档和采购总结。

8.【答案】B

【考点】风力发电机组的组成。

【解析】风力发电机组的组成：

（1）直驱式风电机组：主要由塔筒、机舱总成、发电机、叶轮总成、测风系统、电控系统和防雷保护系统组成。发电机位于机舱与轮毂之间。直驱式风电机组机舱里面取消了发电机、齿轮变速系统，将发电机直接外置到与轮毂连接部分。

（2）双馈式风电机组：主要由塔筒、机舱、叶轮组成。机舱内集成了发电机系统、齿轮变速系统、制动系统、偏航系统、冷却系统等。

9.【答案】D

【考点】自动化仪表的取源阀门与管道连接要求。

【解析】因卡套式接头连接容易造成密封缺陷，使取样点周围容易形成层流、涡流、空气渗入、死角、物流堵塞或非生产过程的化学反应。

10.【答案】A

【考点】振动部位的绝热层施工。

【解析】答题要点是掌握捆扎法、粘贴法、浇注法、充填法等不同绝热结构层施工方法和注意事项，针对充填法施工，充填填料时，应边加料、边压实，并应施压均匀，使密度一致；各种充填结构的填料层，严禁架桥现象产生；对有振动部位的绝热层，不得采用充填法。

11.【答案】D

【考点】工业炉窑砌筑前工序交接证明书内容。

【解析】工业炉窑砌筑前工序交接证明书内容：

（1）炉子中心线和控制标高的测量记录及必要的沉降观测点的测量记录；

（2）隐蔽工程的验收合格证明；

（3）炉壳的试压记录及焊接严密性试验合格证明；

（4）动态炉窑或炉子的可动部分试运转合格证明。

12.【答案】A

【考点】接口文件。

【解析】接口文件：

（1）接口技术文件应符合合同要求；接口技术文件应包括接口概述、接口框图、接口位置、接口类型与数量、接口通信协议、数据流向和接口责任边界等内容。

（2）接口测试文件应符合设计要求；接口测试文件应包括测试链路搭建、测试用仪器仪表、测试方法、测试内容和测试结果评判等内容。

13.【答案】A

【考点】高层建筑的给水系统竖向分区。

【解析】高层建筑层数多、高度大，给水系统及热水系统中静水压力大，为保证管道及配件不受破坏，设计时必须对给水系统和热水系统进行合理的竖向分区并加设减压设备，施工中要保证管道的焊接质量和牢固固定，以确保系统的正常运行。

14.【答案】B

【考点】施工组织设计编制依据。

【解析】施工组织设计编制依据：

（1）有关的法律法规、标准规范、工程所在地区行政主管部门批准文件。

（2）工程施工合同或招标投标文件及建设单位相关要求。

（3）工程文件：施工图纸、技术协议、主要设备材料清单、主要设备技术文件、新产品工艺性试验资料、会议纪要等。

（4）工程施工范围的现场条件，资源条件，工程地质及水文、气象等自然条件。

（5）企业技术标准、管理体系文件、企业施工能力、同类工程施工经验等。

15.【答案】D

【考点】电梯制造厂提供的资料。

【解析】电梯制造厂提供的资料：制造许可证明文件，电梯整机型式检验合格证书或报告书，产品质量证明文件，型式检验合格证，调试证书，机房及井道布置图，电气原理图，安装使用维护说明书。

16.【答案】C

【考点】计量仪表的周期检定。

【解析】计量检定按其检定的目的和性质分为：首次检定、后续检定、使用中检定、周期检定和仲裁检定。周期检定：按时间间隔和规定程序进行的后续检定。

17.【答案】A

【考点】供电部门变电所电力设施。

【解析】火力发电厂的热力设备有锅炉、汽轮机、燃气轮机等，发电设备有发电机、调相机等，只有断路器才是供电部门和变电所的电力设施。

18.【答案】A

【考点】现场组焊第二类中压容器的塔类设备的许可。

【解析】压力容器安装（即压力容器整体就位和整体移位安装）和压力容器的现场组焊，即需在现场完成最后环焊缝焊接工作的压力容器和整体需在现场组焊的压力容器是不相同的许可。根据规定，压力容器的现场组焊，应由取得相应制造级别许可的单位承担。因而题中的第二类中压容器的现场组焊，应由D2级制造许可（范围是第二类低、中压容器）的单位承担，A是正确选项。B项单位只能承担第一类压力容器现场组焊，D项是球形储罐现场组焊许可，与相应制造级别许可的规定不符，C项是安装许可，均是非选择项。

19.【答案】C

【考点】工业安装工程分项工程验收结论的填写单位。

【解析】分项工程质量验收记录应由施工单位质量检验员填写，验收结论由建设（监理）单位填写。

20.【答案】C

【考点】建筑安装工程分项工程的划分。

【解析】在建筑工程质量验收的划分原则中，分项工程是分部工程的组成部分，应按照主要工种、材料、施工工艺、设备类别等进行划分。如建筑给水排水及供暖分部工程中，室内供暖系统子分部工程中的分项工程管道及配件安装、散热器安装等是按照施工工艺来划分的。

二、多项选择题

21.【答案】A、C、E

【考点】塑料绝缘三芯电力电缆的交接试验项目。

【解析】《电气装置安装工程 电气设备交接试验标准》GB 50150—2016 第 17.0.1 条规定。

22.【答案】A、B、C

【考点】工艺管道水冲洗。

【解析】工艺管道水冲洗实施：

（1）冲洗不锈钢管、镍及镍合金钢管道，水中氯离子含量不得超过 25ppm；

（2）水冲洗流速不得低于 1.5m/s，冲洗压力不得超过管道的设计压力；

（3）水冲洗排放管的截面积不应小于被冲洗管截面积的 60%，排水时不得形成负压；

（4）水冲洗应连续进行，以排出口的水色和透明度与入口水目测一致为合格；

（5）管道水冲洗合格后，应及时将管内积水排净并吹干。

23.【答案】A、B、C、E

【考点】系统联合试运转及调试。

【解析】系统联合试运转及调试：空调水系统应排除管道系统中的空气；系统连续运行应正常平稳；水泵的流量、压差和水泵电机的电流不应出现 10% 以上的波动。空调冷（热）水系统、冷却水系统的总流量与设计流量的偏差不应大于 10%。

24.【答案】A、C、E

【考点】国际机电工程项目合同风险中的环境风险。

【解析】项目所处的环境风险：政治风险，市场和收益风险，财经风险，法律风险，不可抗力风险。项目实施中的自身风险：建设风险，营运风险，技术风险，管理风险。

25.【答案】A、B、D、E

【考点】施工机械选择的方法。

【解析】施工机械选择的方法：

（1）综合评分法，综合考虑机械设备的主要特性进行评分选择；

（2）成本比较法，根据机械设备所耗费用进行比较选择；

（3）界限使用判断法，计算出两种机械单位工程量成本相等时的使用时间，并根据该时间进行选择；

（4）折算费用法，是通过计算折旧费用，进行比较，选择费用低者。

26.【答案】A、B、D、E

【考点】质量控制点设置原则。

【解析】质量控制点设置原则：

（1）对产品的可靠性、安全性有严重影响的关键特性、关键部件或重要影响因素；

（2）工序质量不稳定，易出现不合格的项目；

（3）施工技术难度大、施工条件困难的部位或环节；

（4）质量标准或质量精度要求高的施工项目；

（5）对后续施工或下道工序质量、安全有重要影响的施工工序或部位；

（6）采用新技术、新工艺、新材料施工的部位或环节；

（7）影响工期、质量、成本、安全、材料消耗等重要因素的环节；

（8）应进行的试验项目。

27. **【答案】**B、C、D

【考点】压缩机空负荷试运转要求。

【解析】压缩机空负荷试运转要求：应检查盘车装置处于压缩机启动所要求的位置；点动压缩机，在检查各部位无异常现象后，依次运转5min、30min和2h以上，运转中润滑油压不得小于0.1MPa，曲轴箱或机身内润滑油的温度不应高于70℃，各运动部件无异常声响，各紧固件无松动。

28. **【答案】**B、C、D

【考点】工程回访的内容。

【解析】工程回访的内容：

（1）工程回访的内容。了解工程使用或投入生产后工程质量的情况，听取各方面对工程质量和服务的意见；了解所采用的新技术、新材料、新工艺或新设备的使用效果，向建设单位提出保修期后的维护和使用等方面的建议和注意事项。

（2）工程回访计划的内容。主管回访保修业务的部门；回访保修的执行单位；回访的对象（发包人或使用人）；回访工程名称；回访时间安排和主要内容；回访工程的保修期限。

29. **【答案】**A、B、C、D

【考点】分部工程验收时的参加单位。

【解析】分部工程通常是以专业划分，其验收的组织规模不似单位工程验收要有相关各方都参与。因而，分部工程验收的参加方按标准的规定，地方质检单位只参加单位工程验收而不参与分部工程验收。

30. **【答案】**B、C、D

【考点】工业管道工程交接验收前，建设单位应检查的施工技术资料。

【解析】工程交接验收前，建设单位应检查工业管道工程施工的技术资料有技术文件、施工记录、试验报告，资料验收合格这是工程项目验收的基本条件。

三、实务操作和案例分析题

（一）

1. **【参考答案】**在履行材料采购合同中，材料交付时应把握好的环节有：交货检验依据、产品数量验收、产品质量检验、采购合同变更。

【考点解析】材料采购合同履行中，材料交付时应把握好的环节：交货检验依据、产品数量验收、产品质量检验、采购合同变更。

2. **【参考答案】**材料进场时，应根据进料计划、送料凭证、质量保证书或产品合格证进行材料数量和质量验收。要求复检的材料应有取样送检证明报告。

【考点解析】材料进场时的材料数量和质量验收。复检材料应有取样送检证明报告。

3. **【参考答案】**被 A 公司项目部否定的原因：照明工程和给水排水工程施工没有逻辑关系，照明工程和给水排水工程可以同时施工。

这种表示方式（横道图）的作业进度计划的欠缺：不能反映工作的逻辑关系，不能反映出工作所具有的机动时间和工作时差，不能明确地反映出影响工期的关键工作和关键线路，不利于施工进度的动态控制。

【考点解析】照明工程和给水排水工程的施工没有逻辑关系，可以同时施工。依据横道图分析横道图作业进度计划的优缺点。

4. **【参考答案】**图 1 的非镀锌钢导管的接地跨接存在的错误和规范要求的做法为：

保护联结导体圆钢直径 5mm 错误，规范要求是圆钢直径不应小于 6mm；

圆钢搭接长度 25mm 错误，规范要求是搭接长度不应小于 36mm，是圆钢直径的 6 倍。

【考点解析】非镀锌钢导管接地跨接的保护联结导体圆钢，规范要求是圆钢直径不应小于 6mm；搭接长度不应小于圆钢直径的 6 倍。

（二）

1. **【参考答案】**施工单位按原计划安排，塔机最早投用是第 37 天。按原计划塔机进场不能连续作业，吊机要闲置 7 天。因为钢结构吊装后尚不能吊装工艺设备（设备钢架吊装工作有 7 天自由时差）。

【考点解析】分析施工进度计划（网络图），确定塔机最早投入使用的时间，分析按原计划设备钢架吊装与工艺设备吊装工作能否连续作业。

2. **【参考答案】**施工单位调整计划后能保证按原计划工期实现，因为钢结构设计制作耽误 10 天，但吊装钢结构有自由时差 7 天，工艺设备压缩 3 天，总工期仍是 191 天。

【考点解析】分析下面施工进度计划，施工单位调整方案后能保证原计划工期不变。

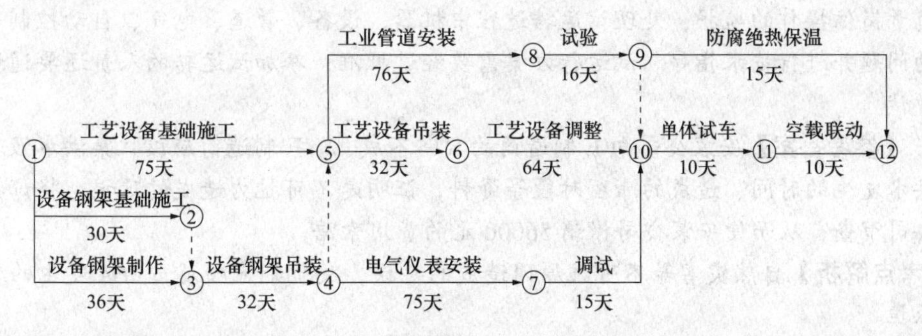

3. **【参考答案】**第（1）、（3）项补偿要求合理，因设计变更，施工单位赶工是建设单位责任。第（2）项补偿要求不合理，不应含塔机闲置运行费 3 天。

施工单位应得到建设单位的总索赔费用：（1600 − 300）×3 ＋ 10000 ＋ 15000 ＝ 28900 元

【考点解析】施工单位采取工艺设备调整工作的持续时间压缩 3 天，得到建设单位同意，施工单位提出的费用补偿要求如下：

（1）工艺设备调整工作压缩 3 天，增加赶工费 10000 元；

（2）塔机闲置 10 天损失费，1600 元 / 天（含运行费 300 元 / 天）×10 ＝ 16000 元；

（3）设备钢架制作工作停工 10 天，造成其他相关机械闲置、人员窝工等损失费 15000 元。

4. **【参考答案】**电气成套柜试验内容有：母线、避雷器、高压瓷瓶、电压互感器、电流互感器、高压开关等。

【考点解析】电气成套柜安装完成后，按规定应做的试验。

（三）

1. **【参考答案】**招标人员拒收 D 公司的投标文件的做法是正确的。依照《中华人民共和国招标投标法》的规定，在投标截止时间之后，不得接收投标文件。

E 公司在 11：50 递交标价修改文件的做法不违规。依照《中华人民共和国招标投标法》的规定，在投标截止时间之前，投标人有权更改、补充、撤回投标文件。更改、补充的投标文件必须密封完好，应符合招标文件中关于投标文件密封要求的规定。

【考点解析】依照《中华人民共和国招标投标法》的规定来分析。

2. **【参考答案】**汽轮机转子还应测量轴颈的圆度、圆柱度、口环的径向跳动、口环的轴向跳动、推力盘不平度、转子水平度。转子叶片应在制造厂进行叶片静频率测试，附有测试报告。转子中心孔的探伤检查应在制造厂厂内进行，并应提供质量合格证明。转子的动平衡、静平衡测试及测试报告。

【考点解析】汽轮机转子装配完后还要做技术测量。转子组件应有的技术证明文件。

3. **【参考答案】**建设单位的要求不正确。设备联动试运行不应该由安装公司组织，试运行方案也不应由设计单位编制。

监理工程师制止联动试运行的理由：

（1）试运行方案需要经过批准；

（2）参加试运转的人员还要通过生产安全考试。

【考点解析】联动试运行应由建设单位组建统一的领导指挥体系，明确各相关方的责任，负责提供各种资源，选用和组织试运行操作人员，并负责编制联动试运转方案。施工单位负责岗位操作的监护，处理试运转过程中机器、设备、管道、电气、自动控制等系统出现的问题并进行技术指导。试运行方案需要经过批准；参加试运转的人员还要通过生产安全考试。

4. **【参考答案】**安装公司向 E 制造商的索赔不成立。E 制造商应该收集洪水毁路的证据、洪水发生的时间、造成的滞留时段等资料，证明是不可抗力造成的延误，将证据提请安装公司审查，从而使安装公司撤销 56000 元的费用索赔。

【考点解析】自然灾害等不可抗原因造成的延误，交货期应顺延，由此发生的费用由各自承担。

（四）

1. **【参考答案】**本工程应编制塔体群安装工程施工组织设计和塔群吊装专项施工方案。

【考点解析】从背景资料分析本工程应编制哪种类型的施工组织设计和专项施工方案。

2.【参考答案】桅杆起重机的适用范围：主要适用于某些特重、特高和场地受到特殊限制的吊装。

汽车起重机的适用范围：适用于单件重量大的大、中型设备、构件的吊装，作业周期短。

【考点解析】(1) 桅杆起重机

1) 特点：属于非标准起重机，其结构简单，起重量大，对场地要求不高，使用成本低，但效率不高。

2) 适用范围：主要适用于某些特重、特高和场地受到特殊限制的吊装。

(2) 汽车起重机

1) 特点：适用范围广，机动性好，可以方便地转移场地，但对道路、场地要求较高，台班费较高。

2) 适用范围：适用于单件重量大的大、中型设备、构件的吊装，作业周期短。

3.【参考答案】泡沫塑料类、泡沫玻璃、半硬质或软质毡、板等轻质绝热材料制品可采用粘贴法施工。

粘贴法施工要求：粘结剂有相当强的粘结性，使用温度必须符合被绝热的介质温度要求，对所用绝热材料和被绝热的材料表面没有腐蚀。

【考点解析】分析可采用粘贴法施工的绝热材料及粘贴法施工要求。

4.【参考答案】从经济性角度进行分析，项目部应选用第二套方案。

因第二套方案成本低于第一套方案成本 21000 元。

【考点解析】人工费 $= 70 \times 30 \times 50 = 105000$ 元

第一套方案测算成本 $= 105000 + 300000 + 25000 + 30000 + 10000 \times 2 = 480000$ 元

第二套方案测算成本 $= 105000 \times (1-70\%) + 10000 \times 2 \times 25 + 25000 \times (1-30\%) - 5000 \times 18 = 459000$ 元

5.【参考答案】因为背景中的大型分馏塔属于Ⅱ类压力容器，其现场组焊，应由取得 D2（第二类低、中压容器）级制造级别的单位承担。机电安装公司具有的特种设备安装改造维修许可证 1 级许可资格，只能从事压力容器整体就位、整体移位安装。所以机电安装公司不具备分馏塔的现场组焊安装资格。

机电安装公司解决这个问题的途径有：

(1) 向建设单位反映协商，由分馏塔的制造厂完成分馏塔分在现场的 2 道环焊缝组焊工作及相应的检验试验，如无损检测、压力试验等，机电安装公司协助从事吊装、找正等工作。

(2) 征得建设单位同意，将分馏塔在现场的 2 道环焊缝组焊工作及相应的检验试验委托（或分包）给具备该类压力容器现场组焊资格的单位。

【考点解析】了解特种设备安装改造维修许可资格。机电安装公司可以将该工程发包，来解决分馏塔的现场组焊安装施工的问题。

(五)

1.【参考答案】视频监控系统施工进度计划被总工程师否定的理由：施工进度计划中的施工程序有错，系统检测应在系统试运行合格后进行。编制施工进度计划时还应关注建筑电气专业、建筑装饰专业和电梯专业工程的施工进度。

【考点解析】视频监控系统施工进度计划：

序号	工作内容	3月			4月			5月			6月		
		1	11	21	1	11	21	1	11	21	1	11	21
5	系统检测										——		
6	系统试运行调试											——	

施工进度计划中，系统检测应在系统试运行调试前进行，错误。编制施工进度计划时应关注与视频监控系统施工有关的专业工程施工进度。

2.【参考答案】横道图施工进度计划编制方法直观清晰，容易看懂施工进度计划编制的意图，便于工程施工的实际进度与计划进度的比较，便于工程劳动力、物资和资金需要量的计算及安排。

【考点解析】分析横道图方法表示视频监控系统施工进度计划的优点。

3.【参考答案】材料进场时的验收工作应按质量验收规范和计量检测规定进行。进场材料数量和质量验收的根据是进料计划、送料凭证、质量保证书、产品合格证。

【考点解析】材料进场时的验收工作规定。材料数量和质量验收的根据。

4.【参考答案】图5中的视频线采用了SYV-75-5同轴电缆，SYV-75-5外护套材料是聚氯乙烯塑料，外导体内径为5mm。

【考点解析】从图5中分析，视频线采用了SYV-75-5同轴电缆，SYV-75-5外护套材料是聚氯乙烯塑料，外导体内径为5mm。

5.【参考答案】按质量验收规范要求，图5中的固定式摄像机最少应抽检9台。在调整带云台和变焦镜头摄像机的遥控功能时应排除遥控延迟和机械冲击的不良现象。

【考点解析】按质量验收规范要求，摄像机、探测器、出入口识读设备、电子巡查信息识读器等设备抽检的数量不应低于20%，且不应少于3台，数量少于3台时应全部检测。

检查并调整对云台、镜头等的遥控功能，排除遥控延迟和机械冲击等不良现象，使监视范围达到设计要求。

2021年度一级建造师执业资格考试
《机电工程管理与实务》模拟试题（三）

一、单项选择题（共20题，每题1分。每题的备选项中，只有1个最符合题意）

1. 氧化镁电缆允许长期工作的最高温度是（　）。
   A. 150℃　　B. 200℃
   C. 250℃　　D. 300℃
2. 某吊装作业使用的主滑轮组为5门滑轮组，适宜的穿绕方法是（　）。
   A. 混合穿　　B. 顺穿
   C. 双跑头顺穿　　D. 花穿
3. 焊工进行焊接作业应具有特种作业操作证，其发证部门是（　）。
   A. 应急管理部　　B. 公安消防局
   C. 市场监管局　　D. 安全监察局
4. 大型锤式破碎机的固定地脚螺栓宜采用（　）。
   A. 固定地脚螺栓　　B. 活动地脚螺栓
   C. 胀锚地脚螺栓　　D. 粘接地脚螺栓
5. 同温下变压器绕组的直流电阻测量值与出厂实测数值的相应变化（　）。
   A. 不应大于2%　　B. 不应大于3%
   C. 不应大于5%　　D. 不应大于6%
6. 管道系统在试压前，管道上的膨胀节应采取的措施是（　）。
   A. 设置临时约束装置　　B. 处于自然状态
   C. 进行隔离　　D. 进行拆除
7. 钢结构制作和安装单位应按规定分别进行高强度螺栓连接摩擦面的试验是（　）。
   A. 扭矩系数试验　　B. 紧固轴力试验
   C. 弯矩系数试验　　D. 抗滑移系数试验
8. 下列关于绝热层施工技术的要求，错误项是（　）。
   A. 保温层厚度≥100mm时，应分为多层施工
   B. 保冷层厚度≥80mm时，应分为两层施工
   C. 每层接缝应错开，其搭接的长度宜≥50mm
   D. 半硬质绝热制品用作保温层时，拼缝宽度≤5mm
9. 用于热喷涂的金属线材对力学性能指标要求适中的是（　）。
   A. 硬度　　B. 抗拉强度
   C. 刚度　　D. 抗折强度

10. 只适宜于在10℃以上施工的耐火浇注料是（　　）。

A. 耐火泥浆　　B. 耐火喷涂料

C. 水泥耐火浇注料　　D. 水玻璃耐火浇注料

11. 对于有复验要求的合金钢元件还应该进行的工序是（　　）。

A. 光谱检测　　B. 规格复查

C. 外观检查　　D. 质量检查

12. 对单相三孔插座板，正确的接线是（　　）。

A. 右孔接零线，左孔接相线，上孔接地线

B. 右孔接相线，左孔接零线，上孔接地线

C. 右孔接相线，左孔接地线，上孔接零线

D. 右孔接零线，左孔接地线，上孔接相线

13. 下列不锈钢板风管的制作，错误项是（　　）。

A. 连接法兰用镀锌角钢　　B. 法兰与风管内侧满焊

C. 法兰与风管外侧点焊　　D. 点焊间距不大于150mm

14. 在安全防范工程的施工中，安全防范设备检验检测后的紧后程序是（　　）。

A. 承包商确定　　B. 深化设计

C. 管理人员培训　　D. 工程施工

15. 电梯安装自检试运行结束后，负责进行校验和调试的单位是（　　）。

A. 电梯安装单位　　B. 质量监督单位

C. 电梯监理单位　　D. 电梯制造单位

16. 工程项目施工成本计划实施的步骤中，成本控制前的步骤是（　　）。

A. 成本预测　　B. 成本计划

C. 成本核算　　D. 成本分析

17. 试运行的技术准备工作不包括（　　）。

A. 确认可以试运行的条件　　B. 编制试运行总体计划

C. 确定试运行合格评价标准　　D. 确认运行物资需要量

18. 在每次计量测试前，应对计量检测器具进行的工作是（　　）。

A. 修理检定　　B. 重新检定

C. 校验核准　　D. 校准复位

19. 建设工程申请用电时，应向供电企业提供的有关用电资料不包括（　　）。

A. 用电地点　　B. 用电性质

C. 用电负荷　　D. 供电方案

20. 对检验批进行验收，必要时进行（　　）。

A. 抽样检测　　B. 有损检测

C. 无损探伤　　D. 过载试验

二、多项选择题（共10题，每题2分。每题的备选项中，有2个或2个以上符合题意，至少有1个错项。错选，本题不得分；少选，所选的每个选项得0.5分）

21. 起重吊装方案包括工艺计算书，工艺计算书的内容主要有（　　）。

A. 起重机受力分配计算
B. 吊装安全距离的核算
C. 不安全因素分析汇总
D. 人力、机具需求计算
E. 吊索具安全系数核算

22. 金属氧化物接闪器试验内容包括（　　）。
A. 测量交流电导电流
B. 测量泄漏电流
C. 测量直流参考电压
D. 测量持续电流
E. 测量工频参考电压

23. 在给水系统调试检测中，需要检测的有（　　）。
A. 压力参数
B. 水泵切换
C. 故障报警
D. 冷水温度
E. 系统液位

24. 球形罐制造单位提供的产品质量证明书内容应有（　　）。
A. 制造竣工图样
B. 压力容器产品合格证
C. 焊后整体热处理报告
D. 耐压试验和泄漏试验记录
E. 特种设备制造监督检验证书

25. 关于流量取源部件安装的要求，正确的有（　　）。
A. 上游侧取压孔与孔板距离为 16mm
B. 下游侧取压孔与孔板距离为 16mm
C. 取压孔的直径为 8mm
D. 上下游侧取压孔直径相等
E. 取压孔轴线与管道轴线垂直相交

26. 下列标书中，属于废标的有（　　）。
A. 报价最低的标书
B. 报价最高的标书
C. 工期不能满足招标文件的标书
D. 陪另一家投标单位投标的标书
E. 未按招标文件要求计价的标书

27. 在设备采购时，对潜在供货商的能力调查要求有（　　）。
A. 技术水平
B. 生产周期
C. 生产能力
D. 地理位置
E. 运输周期

28. 施工组织设计编制的依据内容有（　　）。
A. 标准规范
B. 施工图纸
C. 工程造价
D. 技术协议
E. 资源条件

29. 项目部的试验部门在质量验收工作中的职能包括（　　）。
A. 接受试验委托
B. 出示试验数据
C. 提供试验报告
D. 对试验结论负责
E. 选定试验部位

30. 取得 A2 级压力容器的《制造许可证》的企业可以制造的产品范围有（　　）。
A. 第一类压力容器
B. 第二类低、中压容器
C. 第三类低、中压容器
D. 球形储罐现场组焊
E. 高压容器

三、实务操作和案例分析题（共5题，（一）、（二）、（三）题各20分，（四）、（五）题各30分）

（一）

背景资料

某安装公司承包一商场的建筑电气工程。工程内容有变电所、供电干线、室内配线和电气照明。主要设备有电力变压器、配电柜、插接式母线槽（供电干线）、照明配电箱、灯具、开关和插座等。合同约定设备、材料均由安装公司采购。

安装公司项目部进场后，编制了建筑电气工程的施工方案、施工进度及劳动力计划（见表1）。采购的变压器、配电柜及插接式母线槽在5月11日送达施工现场，经二次搬运到安装位置，施工人员依据施工方案制定的施工程序进行安装，项目部对施工项目动态控制，及时调整施工进度计划，使工程按合同要求完成。

施工进度及劳动力计划 表1

施工内容	施工人数	5月			6月			7月			8月		
		1	11	21	1	11	21	1	11	21	1	11	21
施工准备	10人	—											
变电所施工	20人		—	—	—	—	—						
供电干线施工	30人					—	—	—	—				
变电所及供电干线送电验收	10人									—			
室内配线施工	40人					—	—	—					
照明灯具安装	30人							—	—	—	—		
开关、插座安装	20人									—	—		
照明系统送电调试	20人											—	
竣工验收	10人												—

在施工中，曾经发生了以下2个事件：

事件1：堆放在施工现场的插接式母线槽，因保管措施不当，母线槽受潮，安装前绝缘测试不合格，返回厂家干燥处理，耽误了工期，直到7月31日才完成供电干线的施工。项目部调整施工进度计划及施工人数，变电所及供电干线的送电验收调整到8月1日开始。

事件2：因商业广告需要，在商场某区域增加了50套广告灯箱（LED灯50W），施工人员把50套灯箱接到就近的射灯照明N4回路上（见图1），在照明通电调试时，N4回路开关跳闸，施工人员又将额定电流为16A开关调换为32A开关，被监理检查发现，后经整改才通过验收。

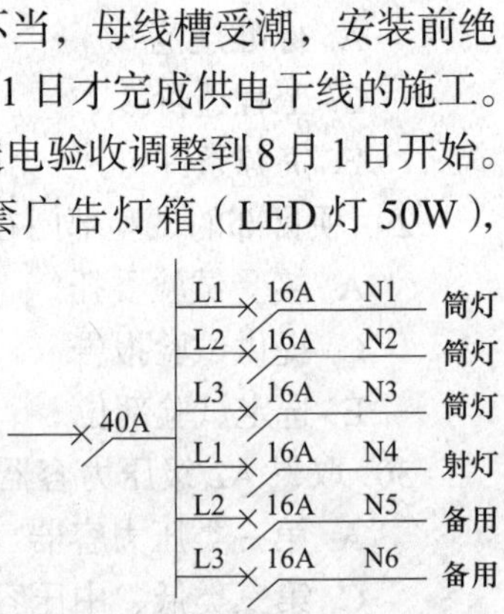

图1 某照明配电箱系统图

问题

1. 配电柜在6月30日前应完成哪些安装工序？

2. 事件1的发生是否影响施工进度？说明理由。写出插接式母线槽施工技术要求。

3. 计划调整后的7月下旬每天安排有多少施工人员？施工人员配置的依据有哪些？

4. 针对事件2，写出照明配电箱的安装技术要求。应如何整改？

（二）

背景资料

某污水处理厂的设备安装工程由A安装公司承包施工，其土建工程由B建筑公司承包施工，A安装公司负责工程设备的采购，合同工期为214天（3月1日～9月30日），并且还约定提前1天奖励2万元，延误1天罚款2万元。合同签订后，A安装公司项目部编制了施工方案、施工进度计划和材料采购计划等。

A安装公司项目部进场后，因B建筑单位的原因，污水处理厂的土建工程延误了10天，才交付给安装公司进行设备安装。使项目部的开工时间延后了10天。在施工中，因供货厂家的原因，订购的不锈钢阀门延期了15天送达施工现场，项目部对不锈钢阀门进行了外观质量检查，阀体完好，开启灵活，立即安装于工程管路上，被监理工程师叫停，要求不锈钢阀门进行检验。项目部施工人员只能将这批不锈钢阀门拆下检验，试验合格后才进行阀门安装。因以上两个事件造成设备安装计划延误，项目部向建设单位申请工期增加25天，被建设单位否定，项目部施工人员只能加班加点赶工期，使污水处理厂的设备安装工程在9月20日完成。

污水处理厂的设备安装工程完工后，因当地环保需要，建设单位在9月21日未经工程验收就擅自投入使用。在使用3天后，发现设备安装存在质量问题，部分不锈钢管道接头焊缝渗漏严重，污水处理厂只能停止使用，经检查，是不锈钢管道焊接后的检验内容缺失，造成不锈钢管道的焊接质量存在缺陷，建设单位要求A安装公司项目部进行返工抢修，项目部施工人员只能加班抢修，经再次试运行检验合格，在9月30日通过验收，在污水处理厂工程的竣工结算中，项目部向建设单位要求38万的提前奖励费用，被建设单位拒绝。

问题

1. 送达施工现场的阀门应进行哪些试验？如何实施？

2. 不锈钢管道焊接后的检验内容有哪些？

3. 项目部可以向建设单位要求多少工期提前奖励费？说明理由。

4. 本工程的质量问题由哪个单位负责修理？写出工程保修的工作程序。

（三）

背景资料

某安装公司承包某制药厂生产设备工程的施工，该制药厂生产设备的主机及控制设备由建设单位从国外订货。制药厂生产设备的主机设备土建工程及机电配套工程由某建筑公司承建，已基本完工。安装公司进场后，按合同工期要求，与建设单位和制药厂生产设备主机及控制设备供应商洽谈，明确了设备主机及控制设备到达施工现场需60天。安装公司依据工程的实际情况编制了该制药厂生产设备工程的施工进度计划（双代号网络图），其中该制药厂生产设备工程的安装工作内容、逻辑关系及持续时间见表3。

制药厂生产设备安装工作内容、逻辑关系及持续时间表　　表 3

工作内容	紧前工作	持续时间（天）
施工准备	—	10
设备订货	—	60
基础验收	施工准备	30
电气设备安装	施工准备	30
主机安装	设备订货、基础验收	75
控制设备安装	设备订货、基础验收	20
调试	电气设备安装、主机安装、控制设备安装	25
配套设施安装	控制设备安装	10
试运行	调试、配套设施安装	20

在主机设备基础检验时，安装公司发现主机设备的基础与安装施工图不符，主机设备基础验收不合格，建筑公司进行了整改，重新浇捣了混凝土基础，经检验合格，使基础检验的工作时间用了 40 天。制药厂生产设备工程在施工时，因主机设备及控制设备在运输过程中，受到台风的影响，使该主机设备及控制设备到达安装现场比施工进度计划晚了 10 天。安装公司按照建设单位的要求，增加劳动力，调整进度计划，进行机械设备安装程序交底，主机设备到达施工现场，立刻进行吊装就位等的安装工作，使制药生产设备仍按合同规定的工期完成。

问题

1. 绘出安装公司编制的制药厂生产设备工程施工进度计划（双代号网络图）。

2. 基础检验工作增加到 40 天会不会影响总工期？写出设备基础混凝土强度的验收要求。

3. 主机设备及控制设备晚到 10 天是否影响总工期？说明理由。

4. 写出吊装就位后的安装工序。工程按合同工期完成，安装公司应在哪几个工作进行赶工？

（四）

背景资料

某电力施工单位经招标投标承接了 1000MW 发电厂的建设安装工程任务，工期 18 个月。时间紧任务重。在施工过程中发生了以下事件：

事件一：电厂的大件设备较多，动辄几百吨重，其运输较为困难。在电机运输过程中就出现因小桥承载力不够而现场加固桥梁，影响运输工期的情况。

事件二：建设单位将一台 1 个月后才能安装的大型机组设备运抵了施工现场，卸车过程无施工单位人员参加，也未进行设备配件的清点、验收等；该大型机组设备下方铺垫道木，上面用防雨布遮盖，零配件木箱放置在机组旁边；人员可随便出入；存放完毕后随即交由施工单位保管。

事件三：在机组安装时，发现设备随机的 4 根地脚螺栓丢失。从资料查知，螺栓材质为 35 号钢，而现场只有 Q235 钢。为了不影响安装进度，施工单位项目部自行采用 Q235

钢加工了4根地脚螺栓，使机组安装就位。

事件四：机组单机试运行合格后，施工单位项目部向建设单位进行中间交接。在交接施工资料中，没有地脚螺栓重新加工和材料代用的记录。同时，施工单位项目部为了以后安装这类机组的需要，将一套随机资料（包括设备技术要求、安装指南、操作手册等）以及专用工具自行留下，为此建设单位提出了交涉意见。

问题

1. 大型机组设备运输时，为确保车辆及设备的安全性要做的工作有哪些？

2. 事件二中，建设单位将大型机组运至现场委托施工单位保管是否可以？交由施工单位过程中有何不妥之处？

3. 事件三中，施工项目部自行加工地脚螺栓的做法是否正确？简述理由。

4. 从事件三分析，施工项目部在工程设备保管上存在哪些漏洞？

5. 事件四中，项目部向建设单位进行中间交接存在哪些错误？

（五）

背景资料

某项目油品合成装置的两台费托反应器（核心设备）属于三类压力容器。建设单位与A公司签订了制造合同，在专用车间进行制造。然后与B公司签订了运输吊装施工承包合同，采用专用运输拖车从制造车间经过场区道路，运输到反应器安装位置，再吊装到已预埋60个地脚螺栓的基础上，两台设备间距18m。合同总价1500万元；B公司在现场组建了项目部代表公司履行合同，并结合实际情况与C公司签订了费托合成反应器运输分包合同。

反应器分上、下两段，在现场的车间内分别制造完成后，先运输下段并吊装就位，在运输上段与下段组焊。运输距离约2km，途中5次转弯处需要加宽道路。两段规格技术参数见表5。

反应器分上、下两段技术参数 **表5**

序号	部件名称	外形尺寸（mm）	重量（t）	数量（件）	安装标高（m）
1	下段	ϕ9860×130×54400	2000	2	0.30
2	上段	ϕ9860×130×7100	238	2	54.70

C公司采用模块运输车把费托合成反应器上、下段顺利地运输到B指定位置，安全地移交给B公司；B公司组织安装和土建施工队进行了基础交接，采用非常规起重机和起重方法圆满完成了吊装任务。

根据工业安装工程施工质量验收统一要求，两台费托反应器安装划分为两个分项工程。A公司项目部质量检验员和监理工程师在反应器分项工程质量验收记录签字，验收合格。

问题

1. B、C公司如何设置安全生产组织及配备专职安全管理人员？

2. 吊装专项施工方案如何管理？装卸运输作业现场应预先采取哪些措施？

3. 费托合成反应器吊装前，设备基础地脚螺栓的中间交接验收有哪些要求？

4. B公司进行反应器上、下段组焊应具备什么资质？焊工应持什么证？

5. 分项工程质量验收记录和结论由谁来填写？分别写出填写的内容、结论和签字人。

模拟试题（三）参考答案及考点解析

一、单项选择题

1.【答案】C

【考点】氧化镁电缆。

【解析】氧化镁电缆是由铜芯、铜护套、氧化镁绝缘材料加工而成的。氧化镁电缆的材料是无机物，铜和氧化镁的熔点分别为1038℃和2800℃，防火性能特佳；耐高温（电缆允许长期工作温度达250℃，短时间或非常时期允许接近铜熔点温度）。

2.【答案】D

【考点】滑轮组的穿绕方法。

【解析】根据滑轮组的门数确定其穿绕方法，常用的穿绕方法有：顺穿、花穿和双跑头顺穿。一般3门及以下，宜采用顺穿；4～6门宜采用花穿；7门以上，宜采用双跑头顺穿。

3.【答案】A

【考点】特种作业操作证。

【解析】焊接或者热切割方法对材料进行加工的作业（不含《特种设备安全监察条例》规定的有关作业）的焊工，必须经各地培训中心考核合格，按应急管理部统一配发的二维码编辑系统印制实体证书《特种作业操作证》。

4.【答案】B

【考点】固定地脚螺栓。

【解析】固定地脚螺栓与基础浇灌在一起，适用于固定没有强烈振动和冲击的设备；活动地脚螺栓是一种可拆卸的地脚螺栓，可用于固定工作时有强烈振动和冲击的重型机械设备；部分静置的简单设备或辅助设备有时采用胀锚地脚螺栓的连接方式；粘接地脚螺栓是近些年应用的一种地脚螺栓，其方法和要求与胀锚地脚螺栓基本相同。故应选B项。

5.【答案】A

【考点】变压器绕组连同套管的直流电阻测量。

【解析】测量变压器绕组连同套管的直流电阻，变压器的直流电阻与同温下产品出厂实测数值比较，相应变化不应大于2%。

6.【答案】A

【考点】管道试压前膨胀节的要求。

【解析】管道膨胀节是利用有效伸缩变形来吸收由于热胀冷缩等原因而产生的变形的补偿装置，在对系统进行压力试验时，试验压力比正常运行压力大，很容易损坏膨胀节，所以，为了防止试压过程中膨胀节过度伸缩超出极限范围造成损坏，要对膨胀节做临时约束。

7.【答案】D

【考点】高强度螺栓连接摩擦面的抗滑移系数。

【解析】抗滑移系数是高强度螺栓连接的主要参数之一，直接影响构件的承载力。因此，高强度螺栓连接摩擦面无论由制造厂处理还是由现场处理，均应进行抗滑移系数测试。在安装现场局部采用砂轮打磨摩擦面时，打磨范围不小于螺栓孔径的4倍，打磨方向应与构件受力方向垂直。连接摩擦面抗滑移系数试验报告、复试报告必须合法有效，且试验结果符合设计要求，方可验收。

8.【答案】C

【考点】绝热层施工技术要求。

【解析】绝热层施工技术要求：

（1）保温层厚度≥ 100mm 或保冷层厚度≥ 80mm 时，应分为两层或多层逐层施工。

（2）半硬质绝热制品用作保温层时，拼缝宽度≤ 5mm；用作保冷层时，拼缝宽度≤ 2mm。

（3）每层及层间接缝应错开，其搭接的长度宜≥ 100mm。

9.【答案】A

【考点】热喷涂的金属线材对应力学性能指标。

【解析】用于热喷涂材料的金属线材应硬度适中，太硬的线材难以操纵、校直，并引起喷枪的重要零件过快磨损；另一方面，过软的热喷涂线材可造成送进困难。

10.【答案】D

【考点】耐火浇注料。

【解析】耐火泥浆、耐火可塑料、耐火涂料和水泥耐火浇注料等在施工时的温度均不应低于5℃。而黏土结合耐火浇注料、水玻璃耐火浇注料、磷酸盐耐火浇注料施工时的温度不宜低于10℃。故选择D项。

11.【答案】A

【考点】合金钢元件的复验要求。

【解析】管道元件包括管道组成件和管道支撑件，安装前应认真核对元件的规格型号、材质、外观质量和质量证明文件等，对于有复验要求的元件还应该进行复验，如合金钢管道及元件应进行光谱检测等。

12.【答案】B

【考点】插座的接线规定。

【解析】插座的接线规定如下：

（1）单相两孔插座，面对插座板，右孔或上孔与相线连接，左孔或下孔与零线连接。

（2）单相三孔插座，面对插座板，右孔与相线连接，左孔与零线连接，上孔与接地线或零线连接。

13.【答案】A

【考点】不锈钢板风管制作要求。

【解析】不锈钢风管法兰采用不锈钢材质，法兰与风管采用内侧满焊，外侧点焊的形式。加固法兰采用两侧点焊的形式与风管固定，点焊的间距不大于150mm。

14.【答案】C

【考点】安全防范工程的实施程序。

【解析】安全防范工程实施程序：安全防范等级确定→方案设计与报审→工程承包商确定→施工图深化→施工及质量控制→检验检测→管理人员培训→工程验收开通→投入运行。

15.【答案】D

【考点】电梯校验和调试单位。

【解析】按照电梯准用程序的规定，电梯安装单位自检试运行结束后，整理记录，并向制造单位提供，由制造单位负责进行校验和调试。

16.【答案】B

【考点】施工成本计划实施的步骤。

【解析】工程项目施工成本计划实施的步骤：成本预测→成本计划→成本控制→成本核算→成本分析→成本考核。

17.【答案】D

【考点】试运行的技术准备工作。

【解析】试运行的技术准备工作不包括：确认可以试运行的条件，编制试运行总体计划，确定试运行合格评价标准。

18.【答案】D

【考点】计量检测设备的校准复位检查。

【解析】计量器具在每次使用前，应对计量检测设备进行校准复位检查后，方可开始计量测试。使用中若发现计量检测设备偏离标准状态，应立即停用，重新校验核准。如出现损坏或性能下降时，应及时进行修理和重新检定。

19.【答案】D

【考点】应向供电企业提供用电工程项目批准的文件及有关的用电资料。

【解析】工程建设用电申请内容主要包括：用电申请书的审核、供电条件勘查、供电方案确定及批复、有关费用收取、受电工程设计的审核、施工中间检查、竣工检验、供用电合同（协议）签约、装表接电等项业务。

建设工程申请用电时，应向供电企业提供用电工程项目批准的文件及有关的用电资料，主要包括：用电地点、电力用途、用电性质、用电设备清单、用电负荷、保安电力、用电规划等。

20.【答案】A

【考点】抽样检测。

【解析】对检验批进行验收，必要时进行抽样检测。

二、多项选择题

21.【答案】A、B、E

【考点】工艺计算书的内容。

【解析】工艺计算书是吊装方案的一项重要内容，是从工艺技术的角度来说明吊装可行性的技术文件。工艺计算书主要包括A、B、E三项。同时工艺计算书也只是吊装方案的一方面内容，C项“不安全因素分析”和D项“人力、机具资源需求计算”是吊装方案的别的方面的内容或其中一部分，因而不在工艺计算书选项之内。

22.【答案】B、C、D、E

【考点】接闪器的试验。

【解析】接闪器的试验：测量接闪器的绝缘电阻；测量接闪器的泄漏电流，磁吹接闪器的交流电导电流，金属氧化物接闪器的持续电流；测量金属氧化物接闪器的工频参考电压或直流参考电压，测量FS型阀式接闪器的工频放电电压。

23.【答案】A、B、C、E

【考点】给水排水系统调试检测。

【解析】给水排水系统调试检测：给水系统、排水系统和中水系统液位、压力参数及水泵运行状态检测；自动调节水泵转速；水泵投运切换；故障报警及保护。

24.【答案】A、B、E

【考点】球形罐产品质量证明书。

【解析】球形罐的工厂制造，包括球壳板及其零部件的制造，与球形罐的现场组焊不是一个连续的制造过程，而且相当数量的球罐的工厂制造和现场安装不是由同一个单位完成。因此球形罐球壳板及其零部件进入现场时，施工单位应进行现场到货验收，包括对制造单位提供的产品质量证明书等技术、质量文件进行检查。这部分检查的内容是工厂制造范围内的质量证明文件。本题的C、D两个选项是球形罐的现场组焊的文件，应于排除。

25.【答案】C、D、E

【考点】流量取源部件安装要求。

【解析】流量取源部件安装要求：孔板或喷嘴采用单独钻孔的角接取压时，应符合下列要求：上、下游侧取压孔轴线，分别与孔板或喷嘴上、下游侧端面间的距离，应等于取压孔直径的1/2；取压孔的直径宜为4～10mm，上、下游侧取压孔直径应相等；取压孔轴线应与管道轴线垂直相交。

26.【答案】C、D、E

【考点】废标的确认。

【解析】标书中有下列情况之一确认为废标。

（1）投标文件没有对招标文件的实质性要求和条件做出响应；

（2）投标文件中部分内容需经投标单位盖章和单位负责人签字的而未按要求完成及投标文件未按要求密封；

（3）弄虚作假、串通投标及行贿等违法行为；

（4）低于成本的报价或高于招标文件设定的最高投标限价；

（5）投标联合体没有提交共同投标协议；

（6）投标人不符合国家或者招标文件规定的资格条件；

（7）同一投标人提交两个以上不同的投标文件或投标报价（但招标文件要求提交备选投标的除外）。

27.【答案】A、B、C

【考点】潜在供货商要求。

【解析】对潜在供货商要求：

（1）能力调查。调查供货商的技术水平、生产能力、生产周期。

（2）地理位置调查。调查潜在供货商的分布，地理位置、交通运输对交货期的影响程度。运输周期和费用都会大大降低该供货商中标的概率。

28.【答案】A、B、D、E

【考点】施工组织设计编制依据。

【解析】施工组织设计编制依据：

（1）有关的法律法规、标准规范、工程所在地区行政主管部门批准文件。

（2）工程施工合同或招标投标文件及建设单位相关要求。

（3）工程文件：施工图纸、技术协议、主要设备材料清单、主要设备技术文件、新产品工艺性试验资料、会议纪要等。

（4）工程施工范围的现场条件，资源条件，工程地质及水文、气象等自然条件。

（5）企业技术标准、管理体系文件、企业施工能力、同类工程施工经验等。

29.【答案】A、B、C、D

【考点】试验部门在质量验收工作中的职能。

【解析】项目部的试验部门的试验工作不是第三方的检测结构的检查，因而无抽检的职能，仅是接受样品委托试验，所以无选定试验部位和样品的职责，而选定工作由工程技术部门或质量管理部门来做。

30.【答案】A、B、C

【考点】压力容器制造许可资格的产品范围。

【解析】本题的主要考核点是压力容器制造许可资格的向下包含性，即具有A1级或A2级压力容器制造许可证的企业即具备D级压力容器（包括D1级和D2级）制造许可资格。题中某压力容器制造企业取得A2级压力容器的《制造许可证》，即规定可以制造的产品范围是第三类低、中压容器（A2级），同时又包含了第一类压力容器（D1级）、第二类低、中压容器（D2级）。但不能制造A级的其他类型的压力容器，球形储罐现场组焊（A3级）和高压容器（A1级）不是该压力容器制造企业的许可范围之内。

三、实务操作和案例分析题

（一）

1.【参考答案】成套配电柜在6月30日前应完成的安装工序有配电柜的安装固定、母线安装、二次线路连接、试验调整。

【考点解析】配电柜安装工序。

2.【参考答案】事件1的发生不影响总的施工进度。

从施工进度计划（旬作业进度计划）分析，7月底完成供电干线的施工。在8月11日前完成变电所及供电干线的送电验收。照明系统送电调试在8月11日才开始，8月底完成竣工验收。

插接式母线槽施工要求：应随时做好防潮、防水措施，每节母线槽在安装前测试绝缘电阻，且不得小于20MΩ。

【考点解析】分析施工进度；插接式母线槽施工技术要求。

3.【参考答案】计划调整后的7月下旬每天安排120个施工人员。施工人员配置依据：项目所需施工人员的种类、数量、项目进度计划、项目劳动力资源供应环境。

【考点解析】计划调整后的7月下旬每天安排30＋40＋30＋20＝120个施工人员。施工人员配置的依据。

4.【参考答案】针对事件2的照明配电箱的安装技术要求有：每一单相分支回路的开

关额定电流不宜超过 16A，每一单相分支回路安装的灯具数量不宜超过 25 套。正确的做法是将 50 套广告灯箱分成 2 个回路，分别接到备用回路（N5 和 N6）上。

【考点解析】照明配电箱的安装技术要求。整改：分成 2 个回路，分别接到备用回路（N5 和 N6）上。

（二）

1. **【参考答案】**送达施工现场的不锈钢阀门应进行壳体的压力试验和密封试验。阀门的壳体试验压力为阀门最大允许工作压力的 1.5 倍，密封试验为阀门最大允许工作压力的 1.1 倍，试验持续时间不得少于 5min。试验的水中氯离子含量不得超过 25ppm。

【考点解析】阀门安装前，应做强度和严密性试验。试验应在每批（同牌号、同型号、同规格）数量中抽查 10%，且不少于一个。对于安装在主干管上起切断作用的闭路阀门，应逐个做强度和严密性试验。

阀门的强度和严密性试验，应符合以下规定：阀门的强度试验压力为公称压力的 1.5 倍；严密性试验压力为公称压力的 1.1 倍；试验压力在试验持续时间内应保持不变，且壳体填料及阀瓣密封面无渗漏。

2.**【参考答案】**不锈钢管道焊接后的检验内容有：外观检验，致密性试验，强度试验，焊缝无损检测。

【考点解析】不锈钢管道焊接后的检验内容。

3. **【参考答案】**项目部可以向建设单位要求 18 万工期提前奖励费。本工程实际工期是 205 天，合同工期 214 天，工期提前了 9 天。

【考点解析】因为合同开工时间为 3 月 1 日，建设单位在 9 月 21 日擅自使用，以占有建设工程之日（9 月 21 日）为竣工日期，所以本工程实际工期是205天，合同工期214天，工期提前了 9 天。2 万×9 ＝ 18 万工期提前奖励费。

4. **【参考答案】**本工程的质量问题由施工单位负责修理。工程保修的工作程序：发送保修证书，检查修理，验收记录。

【考点解析】不锈钢管道焊接后的检验内容缺失，不锈钢管道的焊接质量存在缺陷是施工单位的责任。写出工程保修的工作程序。

（三）

1. **【参考答案】**安装公司编制的制药厂生产设备施工进度计划（双代号网络）如下所示：

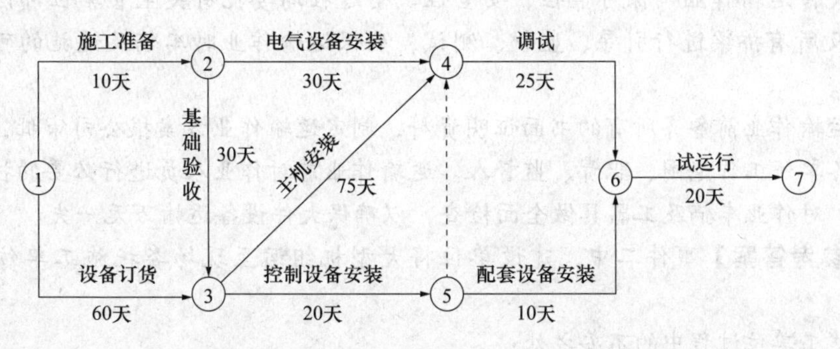

【考点解析】按双代号网络图规则绘出施工进度计划。

2. **【参考答案】**基础验收工作增加到40天不会影响总工期。设备基础混凝土强度的验收要求：基础施工单位应提供设备基础质量合格证明文件，主要检查验收其混凝土配合比、混凝土养护及混凝土强度是否符合设计要求，采用回弹法或钻芯法等对基础的强度进行复测。

【考点解析】基础验收工作增加到40天，比计划时间多了10天，不会影响总工期，因为基础验收在非关键线路上，10天的偏差小于总时差20天。设备基础混凝土强度验收要求。

3. **【参考答案】**主机设备晚到10天，要影响总工期，因为该工作在关键线路上。控制设备晚到10天，不会影响总工期，因为该工作在非关键线路上，有时差55天。

【考点解析】按施工进度计划（双代号网络图）的关键线路和非关键线路进行分析。

4. **【参考答案】**吊装就位后的安装工序：安装精度调整与检测，设备固定与灌浆，零部件装配，润滑与设备加油，试运转。使工期按合同约定完成，安装公司应在主机安装、调试和试运行工作上赶工10天。

【考点解析】机械设备安装的一般程序：开箱检查→基础测量放线→基础检查验收→垫铁设置→吊装就位→安装精度调整与检测→设备固定与灌浆→零部件装配→润滑与设备加油→试运转。在关键线路上进行分析，在关键工作进行赶工。

（四）

1. **【参考答案】**大型机组设备运输时，为确保车辆及设备的安全性要做的工作有：全过程委托有关主管单位部门对重要道路、路段及所有桥梁进行引导、监护、测试，确保运输作业时车辆及设施的安全性。

【考点解析】公路运输需一定的准备工作周期和道路、桥梁加固等措施。

（1）沿途公路作业，在大件设备运输前应会同有关单位对道路地下管线设施进行检查、测量、计算，由此确定行驶路线和需采取的措施。

（2）沿途桥梁作业，按照车辆运输行走路线，按桥梁的设计负荷、使用年限及当时状况，车辆行驶前对每座桥梁进行了检测、计算，并采取相关的修复和加固措施。

（3）现场道路作业，道路两侧用大石块填充并盖厚钢板加固；车辆停靠指定位置后，考虑顶升、平移、拖运等作业工作，在作业区内均铺设厚钢板增加承载力；沿途其他施工用的障碍物要尽数拆除和搬离。

（4）大件运输作业确保可靠性、安全性。全过程均委托有关主管单位部门对重要道路、路段及所有桥梁进行引导、监护、测试，确保运输作业时车辆及设施的可靠性、安全性。

（5）运输作业前备齐所有的书面证明资料，制定运输作业方案报公司审批，并组织讨论，明确各单位工作范围、职责、监督人。运输作业前对作业人员进行必要的技术交底和安全交底，对作业车辆及工器具做全面检查，以确保大件设备运输万无一失。

2. **【参考答案】**事件二中，建设单位将大型机组运至现场委托施工单位保管是可以的。

交由施工单位过程中的不妥之处：

（1）大型机组设备卸车过程无施工单位人员参加，也未进行设备配件的清点、验收等；

（2）大型机组设备临时场地没有围墙，人员可随便出入；

（3）交由施工单位保管没有交接验收记录。

【考点解析】按照背景资料分析交由施工单位过程中的不妥之处。

3.**【参考答案】**施工项目部自行加工地脚螺栓的做法不正确。理由是：

（1）施工项目部既未向建设单位报告设备随机地脚螺栓丢失，也无重新加工设备地脚螺栓记录；

（2）以Q235钢代用35号钢属于以低代高，不符合设备质量和安全运行的要求。

【考点解析】35号钢（《优质碳素结构钢》GB/T 699—2015）具有良好的塑性和适当的强度，工艺性能较好，焊接性能尚可，大多在正火状态和调质状态下使用。

Q235A和Q235B塑性较好，有一定的强度，通常轧制成钢筋、钢板、钢管等；Q235C、Q235D可用于重要的焊接件；Q235和Q275强度较高，通常轧制成型钢、钢板作构件用。

4.**【参考答案】**工程设备保管上的漏洞有：无专人管理，存放场地没有围墙，人员随便出入，存放场地不符合保管、安全等的要求。

【考点解析】从背景资料分析，施工项目部在工程设备保管上的漏洞。

5.**【参考答案】**事件四中，项目部向建设单位进行中间交接存在的错误：交接施工资料中，没有地脚螺栓重新加工和材料代用的记录。施工单位项目部将一套随机资料（设备技术要求、安装指南、操作手册等）以及专用工具自行留下。

【考点解析】工程设备为建设单位所有，工程竣工验收后，施工企业应向业主办理移交手续，包括设备的随机资料和专用工具。

（五）

1.**【参考答案】**B公司项目部应成立由项目经理担任组长的安全生产领导小组，配置1名专职安全生产管理人员。C公司至少应配置1名专职安全生产管理人员。

【考点解析】安全生产组织：

（1）项目部应成立由项目经理担任组长的安全生产领导小组，根据生产实际情况设立负责安全生产监督管理的部门，并足额配备专职安全生产管理人员。

（2）机电总承包单位项目专职安全生产管理人员应满足以下要求：按工程合同价配备：5000万元以下的工程不少于1人；5000万～1亿元的工程不少于2人；1亿元及以上的工程不少于3人，且按专业配备专职安全生产管理人员。

（3）专业承包单位应当配置至少1人，并根据所承担的分部分项工程的工程量和施工危险程度增加。

2.**【参考答案】**B公司技术部门组织召开费托合成反应器吊装方案论证会，项目经理部根据论证报告修改完善施工方案，并经B公司技术负责人、项目监理工程师、建设单位项目负责人签字后，方可组织实施。

装卸运输现场费托合成反应器作业地面受力区域需要铺设厚钢板，以增加地面承载能力；运输车带载行走靠近道路两侧的位置应加固或加宽；费托合成反应器运输途中障碍物提前尽数拆除；作业区域设置安全警戒线和专人监护。

【考点解析】费托合成反应器吊装属于超过一定规模危险性较大的专项工程，方案编制审核签字后应进行专家论证。项目部组织编制，B公司技术部门组织施工技术、安全、质量等部门的专业技术人员进行审核；经审核合格的，由B公司技术负责人签字。

装卸运输现场费托合成反应器作业地面受力区域需要铺设厚钢板或路基板，以增加地面承载能力；运输车带载行走靠近道路两侧的位置应加固或加宽、非厂区临时道路地面进行地基处理；费托合成反应器运输途中障碍物提前尽数拆除；作业区域设置安全警戒线和专人监护。

3. **【参考答案】**费托合成反应器吊装前，设备基础地脚螺栓的中间交接验收要求：预埋地脚螺栓的位置、标高及露出基础的长度应符合设计要求。预埋地脚螺栓的中心距应在其根部和顶部沿纵、横两个方向测量，标高应在顶部测量。预埋地脚螺栓的螺母和垫圈配套，螺纹和螺母保护完好。

【考点解析】预埋地脚螺栓的位置、标高及露出基础的长度应符合设计或规范要求。预埋地脚螺栓的中心距应在其根部和顶部沿纵、横两个方向测量，标高应在顶部测量。预埋地脚螺栓的螺母和垫圈配套，螺纹和螺母保护完好。

4. **【参考答案】**B公司应取得《特种设备生产许可证》(固定式压力容器A2)。焊工应持有市场监管局颁发的《特种设备安全管理人员和作业人员证》(金属焊接操作)。

【考点解析】费托合成反应器上、下段需要在现场完成最后一道环焊缝，属于压力容器的现场组焊，根据《特种设备生产和充装单位许可规则》TSG 07—2019和《固定式压力容器安全技术监察规程》TSG 21—2016的规定，B公司应取得《特种设备生产许可证》(固定式压力容器A2)。

按照《特种设备作业人员考核规则》TSG Z6001—2019和《特种设备焊接操作人员考核细则》TSG Z6002—2010的规定，焊工应持有市场监管局颁发的《特种设备安全管理人员和作业人员证》(金属焊接操作)。

5. **【参考答案】**分项工程质量验收记录应由B公司项目部质量检验员填写，验收结论由建设（监理）单位填写。

填写的主要内容：检验项目，施工单位检验结果；建设（监理）单位验收结论。结论为“合格”或“不合格”。记录表签字人为施工单位专业技术质量负责人，建设单位专业技术负责人，监理工程师。

【考点解析】《工业安装工程施工质量验收统一标准》GB/T 50252—2018规定。

附录　考试用书复习指导

1. 机电工程技术及施工相关法规与标准的复习

（1）机电工程技术及施工相关法规与标准的内容是根据考试大纲来编写的，是考试大纲考核的回答要点，必须认真复习。机电工程技术及施工相关法规与标准的目、条层次是按考试大纲的排列顺序编写的，是相互独立的知识内容。

（2）复习时以"目"为单元，按照各个专业工程技术的工艺逻辑关系，先理顺每一目下各条知识的先后衔接关系，再按顺序复习，便于对机电工程技术的理解和记忆。

（3）复习各项工程技术时，重点要掌握施工程序以及相关施工规范提出的确保工程质量和安全的技术要点。

（4）机电工程技术涵盖的各种专业技术，考生复习时可以根据自己的工程实践情况，重点复习自身不熟悉的目、条、知识点。

（5）机电工程密切相关的计量、建设用电、特种设备的法规和机电工程施工质量验收统一要求，考生应理解掌握，重点复习主要知识点。

（6）机电工程施工技术和机电工程项目施工相关法规与标准的内容，首先将以单项选择题和多项选择题的形式出现在本科目的考试试题中，还会以实务操作和案例分析题的形式出现在本科目的考试试题中；有关项目施工管理的内容，会以实务操作和案例分析题的形式出现在本科目的考试试题中，当然也会出现在单项选择题和多项选择题中。

（7）复习时应重点掌握机电工程施工技术要点中的施工程序、安装要求及相关法规和标准。要结合工程施工实际，从项目施工技术管理上分析如何去保证加快施工进度、降低成本、保证施工质量和施工安全，通过实际工程案例去分析理解，重点是施工程序、施工技术和法规标准要点。

（8）机电工程常用材料及工程设备和机电工程专业技术的知识点均涉及机电工程施工技术的知识要求。机电工程专业技术的重点是要掌握机电工程中最基本的专业知识、基本原理和概念，它是机电工程安装技术的理论基础。

2. 机电工程项目施工管理的复习

（1）实务操作和案例分析题的背景资料

《机电工程管理与实务》考试用书引用的实务操作和案例分析题的背景是以机电工程项目包含的各类专业工程为题材，所提的问题是实际工程中遇到的，不但需要利用本专业技术知识，还需要用相关的建设工程经济、法律法规知识和建设工程施工管理中的合同、进度、成本、质量、安全管理等知识才能解决。

（2）实务操作和案例分析题的基础理论

复习时要理解一级建造师《建设工程经济》《建设工程项目管理》和《建设工程法规及相关知识》的基础理论知识，紧扣建造师执业责任和执业目标要求，熟练应用机电工程的施工技术和相关法规知识，结合机电工程施工管理的相关要求和现场的管理实践，去分析和回答各个实务操作和案例分析题的问题。机电工程施工管理的知识点主要出现在实务操作和案例分析题中，也会出现在单选题和多选题中。

（3）实务操作和案例分析题的分析

1）机电工程实务操作和案例分析题的背景选择在施工招标投标、设备采购、施工、安装、调试、试运行、竣工验收到保修的各阶段。机电工程实务操作和案例分析题讨论的内容主要有各专业施工技术、合同管理、索赔、施工管理、质量控制、进度控制、安全管理、现场管理、成本控制、试运行、竣工验收和回访保修等。在实务操作和案例分析题的解答中要结合机电工程各专业的特点进行分析。

2）要应用《建设工程经济》《建设工程项目管理》和《建设工程法规及相关知识》的基础理论，以及应用机电工程的施工技术、相关法规知识和项目管理知识，重点分析机电工程专业的施工质量控制、安全控制、成本控制、进度控制和现场管理等内容提出的问题。

（4）实务操作和案例分析题的解答

1）实务操作和案例分析题的解答要注意背景资料，一般来说实务操作和案例分析题的背景资料中每一句话，每个用词均是为提问、分析和解答埋下伏笔而设定的条件。因此，解答和分析要充分利用背景资料所设定的各项条件。审题时要理解问题的含义和考核内容。弄清背景资料中内含的因果关系、逻辑关系、法定关系、表达顺序等各种关系和相关性内容，以防答题出现漏项、判断失误、答非所问等情况。

2）实务操作和案例分析题要分层次解答，要应用所掌握的知识，结合背景资料，分层次地解答问题。要注意问题的问法，问什么答什么。比如，提问"某事件是否正确？说明理由。并写出正确的做法"。答题时应首先回答"正确或不正确"，再回答"理由或原因"，最后把"正确的做法"写出来，答题要严谨，层次要清晰，内容要完整。

3）实务操作和案例分析题解答要注意与考试用书的知识点内容紧密结合。解答问题的要点针对性要强，内容要完善，重点要突出，逐层分析、逐步表达，依据充分合理、结论明确、简单明了。

3. 考试用书复习的注意要点

（1）《机电工程管理与实务考试大纲》是考试命题的依据，《机电工程管理与实务考试用书》是考试命题的参考。考试用书是根据《机电工程管理与实务考试大纲》编写的，按章、节、目、条的层次叙述了知识的要点，是相互独立的知识内容，考生可以根据自己的情况选择目、条的先后顺序来学习，每一目下的若干条是按知识的先后逻辑顺序编排，考前学习可按目为单元进行。

（2）机电工程考试用书每条没有重点和非重点之分，全书都需要掌握。注意条与条相关的内容和工程中有联系的内容，根据每年考试真题，实际上也是能看出很多重点的。实务操作内容及每年教材修改时新增加的内容，考生务必重视，需重点复习。

（3）对前面几次考试进行总结和分析，在认真阅读考试用书的基础上，结合考试真题解析，对出一些容易命题的知识点、经常命题的知识点，发现命题的一些特点。通过答案解析，尤其是实务操作和案例分析题的解析，抓住考题的命题思路和答题要点，便于看书复习，更加具有针对性。

（4）对于考试用书中举例的内容，一是为了帮助大家理解相关知识，同时其也是容易出题的知识点。但对于有些不太成熟、不确定或者只是特例的知识点，命题的可能性不大。由于目前的题目越来越灵活，与工程实践结合更加紧密，因此特别需要注意与工程实践相结合的实务操作知识点。

（5）看书时应分层次地复习，大层次和小细节兼顾，不能一本书逐行逐字看到底。先大层次地看书，可以增加考试用书的整体感觉，帮助理解整个教材的知识框架；再看小细节的知识点，也就是最重要的和关键的地方；根据考题的提问方式，可能反向提问，因此考试用书复习要顺看和倒看相结合。

（6）要根据选择题与实务操作和案例分析题的出题特点，区分考试用书中可以出选择题、实务操作和案例分析题的知识点内容。一般新增的内容、修改的内容、有例子的内容、容易对比的内容和可以出计算的内容，考生应重点关注。